微幸福
心理学

张 乐 编著

Happy

辽海出版社

图书在版编目（CIP）数据

微幸福心理学 / 张乐编著 . — 沈阳：辽海出版社，
2017.10

ISBN 978-7-5451-4422-2

Ⅰ . ①微… Ⅱ . ①张… Ⅲ . ①人生哲学—通俗读物
Ⅳ . ① B821-49

中国版本图书馆 CIP 数据核字（2017）第 247762 号

微幸福心理学

责任编辑：柳海松
责任校对：丁　雁
装帧设计：廖　海
开　　本：630mm×910mm
印　　张：14
字　　数：132 千字
出版时间：2018 年 3 月第 1 版
印刷时间：2018 年 3 月第 1 次印刷

出版者：辽海出版社
印刷者：北京一鑫印务有限责任公司

ISBN 978-7-5451-4422-2　　　　　　定　价：68.00 元

序 言

　　人生是什么味道？我寄一片枫叶，向上天发问：地狱苦吗？有多苦？天堂甜吗？有多甜？

　　地狱到天堂的路究竟有多远？如何走这条路？往往是一念之间的抉择。

　　地狱到天堂的路究竟有多远？如何走这条路？往往是一步之差的抉择。

　　烦恼吗？世间的一切烦恼皆由贪念所生。

　　攀比吗？放下欲望放下贪念，知足就会幸福！

　　昨天的路不堪回首，却回味无穷。现在的路疲惫不堪，却义无返顾。未来的路曲折坎坷，却任重而道远……我从不为自己的职业、容貌、出身、选择感到悲哀，只想好好地活着，努力地活着，坚强地活着，顽强地活着。

　　当耳朵里装满了"垃圾"留言时，我想起了"良药苦口利于病，忠言逆耳利于行"的古训；当心里填满了责怪与抱怨时，我想起了"海纳百川，有容乃大"的古训；当脚下的路到达悬崖的尽头时，我想起了"回头是岸""天无绝人之路"的名言。我要用我的微笑来填满这个世界。

　　幸福是春天里的花开，是夏日清风拂面，是随处可见的风景，是随手可触的安暖，是不经意间的微笑，是小确幸，是微幸福。

　　本书用一个个有温度，有温情，动人心的小故事，传达人生的安暖与小幸福。我们心驰神往，孜孜在求的幸福，并不遥远，并不高深，就在身边，就在故事里，就在文字里，翻开本书，幸福就扑面而来，使人陶醉。

目 录

生命很短，
人生路长

辑一

　　人生有七苦：生，老，病，死，怨憎会，爱别离，求不得。烦恼种种，皆是爱莫能助。"短的是生命，长的是磨难。"张爱玲笔下的这句话，一贯睿智到令人心惊肉跳。

辑 无需远看，
二 幸福就在身边

　　幸福就是当我看不到你时，可以这么安慰自己：能这样静静想你，就已经很好了。幸福就是我无时无刻不想着你，即使你不在我身边。

　　幸福就是每当我想起你时，春天的感觉便弥漫在空气里；

　　幸福就是不管外面的风浪多大，你都会知道，家里，总有一杯热腾腾的咖啡等着你；

　　幸福就是当相爱的人都变老的时候，依旧相看两不厌。幸福就是可以一直都在一起，一生一世，生死不弃……

辑 逆风的时候，
三 更适合飞翔

　　逆风时，可能觉得有些困难，但是你还是坚持逆风而行。逆风的地方，我们深一脚浅一脚，几乎辨不清方向，走得很累很辛苦，但是迎风而落的树叶与因风而舞的裙摆让人也一起飞扬，无惧，勇往。

辑四 落笔成伤，只为谁

春的眷恋，只是花开一场；而夏的执着，却撑起了一世的荫凉；秋的等待，经历了落叶的轮回；冬的落泪，却只换来满目凄然。春夏秋冬，究竟要轮回多少年，才能把握住属于自己的幸福？而那片盛开的淡蓝色的忧伤，在重新绽放的阳光下，又能否不枉自己半世的守候？落笔成伤的思念，又为谁？

辑 五 曲终人散，谁忆长相思

叶子的离开，是风的追求还是树的不挽留？一片片凋落的树叶只有掉在地上，才有人生出怜惜之情。好多时候，我们为了追逐远方的信仰，忽视了沿途的风景，到最后只剩下些支离破碎的回忆，将思绪的丝线拉得很长很长。在这丝线缠绕的如影似幻的网格中，回忆着那些令人伤感的冲动。曲终人散，谁忆长相思。

人生最美是淡然

"夫君子之行，静以修身，俭以养德，非淡泊无以明志，非宁静无以致远。……"意思是说：高尚君子的行为，以恬静来提高自身的修养，以节俭来培养自己的品德。不恬静寡欲无法明确志向，不排除外来干扰无法达到远大目标。其实，淡泊的心境就是懂得舍得与放下。

繁华过境，往事如烟

有些遗憾，在记忆深处盘旋，令我们一生也无法忘怀。踮起脚尖，徘徊在十字路口。该向哪条路的尽头眺望，才可以一瞥你路过时倾城般温暖的微笑？夕阳拖着疲惫的身影悄然安睡，你亦渐渐走远。挥挥手，向空气中尚残留的身影告别。孤独的角落里，小小的身影随着风的呼啸飘散走远。心好冷，可惜血液的温度保留不了昔日的温存。于是，你一低头的转身，便在顷刻间，凌乱了我半世的守候。

辑一
生命很短，人生路长

人生有七苦：生，老，病，死，怨憎会，爱别离，求不得。烦恼种种，皆是爱莫能助。"短的是生命，长的是磨难。"张爱玲笔下的这句话，一贯睿智到令人心惊肉跳。

让梦想照亮未来

大卫在华尔街一家大银行工作了十来年，每个月有稳定的高收入，然而有一天，当他坐在那间有玻璃天花板的办公室里对自己说："够了！"如果想要有一份实现梦想的工作，大卫知道自己必须积极主动地去争取。

于是，大卫开始寻找，他翻阅《纽约时报》寻找新的机会。他的目光被一则广告吸引了，一个大的金融公司正在招聘股票经纪人，这正是大卫梦想的工作！他兴奋地打了若干个相关电话，最后与该公司的副总经理约好了面试时间。

面试那天，大卫不巧患了重感冒，发着高烧，浑身无力，但是，他知道自己不能与这千载难逢的机会失之交臂，所以他按时参加面试，与那个副总谈了三个多小时。

大卫以为那个副总一定会当场决定聘用他。可是，大卫错了，那个副总指示他分别与公司的12个顶级股票经纪人进一步面谈。大卫听了差点晕倒！

在后来的几个月里，12个股票经纪人对大卫的热情都不同程度地泼了冷水。"你还是安心地在现在的银行工作吧！"他们劝道，"80%的人干一年后就干不下去了。"接着，他们又补充说道："你根本就没有投资的经验，你干不了的。"

他们越是打击大卫的梦想，大卫越是不服气。他憋足了劲，决定要让他们的预言落空，让自己的梦想实现。

大卫最后一次面试定在一月寒冷的一天。面试五分钟后，大卫看出那位副总经理不知道怎样给他下结论。大卫感到机会就要从自己的手指缝里滑走了。在他焦急等待中，那位副总终于开口了："你必须在两周内辞去华尔街银行的职务，然后报名参加为期三个月的培训。你必须一次性通过培训结业考试，否则我们仍将不能录取你。"最后，他加重语气，说："如果差一分，你也可能被淘汰出局。"

大卫的嘴唇发干，内心剧烈摇摆。这个工作虽说是自己的梦想，但能不能得到它大卫并不确定，将来的前景也是未知的！然而，一想到机会总是与风险并存，一想到自己的勇气很可能会改变自己的未来，大卫下定决心，不再瞻前顾后，坚定地说："可以。"

根据要求，大卫辞去了华尔街银行的职务，跳进了一个几乎陌生的领域。三个月的训练后，大卫参加了考试。考场设在麦迪逊大道，与大卫即将上班的地方很近——如果大卫通过了测试的话。考场里放满了电脑，监考人将大卫领到一台指定的电脑跟前。这样，大卫一生中最重要的考试之一就要开始了。他们发出了开始的信号。大卫非常紧张，但随着考试的进行，大卫越来越感到有信心。三个小时很快就过去了。

公布分数的时候到了。大卫坐在那儿满脑门汗珠，目不转睛地望着这个掌握自己未来人生钥匙的电脑。大卫相信肯定会有人听到他心跳的声音。屏幕闪了一下，然后跳出一则信息："你的分数正在处理中，请稍候。"

等待仿佛持续了很久。分数终于出来了。大卫通过了！他长长地舒了一口气。

从那一天起，大卫就沿着一个方向不断向前。他的业绩不但超出了自己的期望值，而且超出了那个给大卫机会的经理的期望值。他见证了大卫个人销售业绩的增长，还看到大卫成了"有线销售奖"电视栏目的嘉宾。

大卫的经历验证了梭罗的一句话："如果一个人自信地朝梦想的方向前进，以破釜沉舟的勇气争取他梦想的生活，成功就会在他意想不到的时刻突然降临。"

人生感悟

无论怎样的一个人都会有自己的梦想，朝着自己的梦想前进是积极生活的人生态度。梦想的目的地是未知的，能否成功到达是没有人能够预言的，但在追求梦想的路途上你会实现人生的价值。

不要背着包袱赶路

一个青年背着一个大包裹，千里迢迢跑来找大师，他说："大师，我是那样的孤独、痛苦和寂寞，长期的跋涉使我疲倦到极点。我的鞋子破了，荆棘割破双脚；手也受伤了，流血不止；嗓子因为长久的呼喊而嘶哑……为什么我还不能找到心中的阳光？"

大师问："你的大包裹里装的是什么？"

青年说："它对我可重要了。里面是我每一次跌倒时的痛苦，每一次受伤后的哭泣，每一次孤寂时的烦恼……靠着它，我才有勇气走到您这里来。"

于是，大师带青年来到河边，他们坐船过了河。上岸后，大师说："你扛了船赶路。"

青年很惊讶——它那么沉，我扛得动吗？

"是的，孩子，你扛不动它。"大师微微一笑，说："过河时，船是有用的。但过了河，我们就要放下船赶路。否则，它会变成我们的包袱。痛苦、孤独、寂寞、灾难、眼泪，这些对人生都是有用的，它使生命得到升华，但须臾不忘，就成了人生的包袱。放下它吧！孩子，生命不能太负重。"

青年放下包袱，继续赶路，他发觉自己的步子轻松而愉悦，比以前快得多。

凡事都会转换，财富可以变成包袱，包袱也可以变成财富。只不过，将财富变成包袱的人多，将包袱变成财富的人少。因为他们预先在心里背了一个包袱，心里背上了包袱，就无法将它卸下了。这样一来，财富没能成为他生命中不可分割的部分，而是成为一种外在的压迫力量。

现在的都市人每天忙忙碌碌地工作，有时真的感觉有点累，碰到一些烦心的事情，总让人很难释怀。如果每天过得太平淡了，也会感觉不舒服的。人生总需要有些浮浮沉沉的，正如泡茶一样，茶叶在沸水中上下沉浮，正是经历了生活的各种挫折和磨砺，才觉得生命更加精彩，才觉得生活更有意义。

放下生活的包袱，才能让自己坦然，释怀。在工作中碰到的困难，需要我们去解决，更需要去排解心中的阴云，不要让它给自己带来负担。当工作成为负担就不好了，有时需要适时地去放松一下。

这个倒让人想起另一个故事，讲的是两个师兄弟一起下山到市集化缘，途经一座独木桥的时候，看到一位美丽的女子在那里踌躇不前，可能是害怕的缘故，根本不敢跨过独木桥。大师兄看到后，说："姑娘，来吧，我背你过去。"说完，就把她背过去了。他的师弟跟在后面，心里感觉非常不快，一直沉默不语，到了晚上，实在忍不住了，就对大师兄说："我们是出家人，是受过戒律的，男女授受不亲，怎么能近女色呢？你怎么能背她过河呢？"

大师兄听后说道："啊，你还想着那个女人呀，我背过桥就把她放下了，你怎么到现在还没有把她放下呢？"

人生感悟

生活就是生活，工作就是工作，我们不能把生活当成工作，而把工作当成生活，如果我们连这个都理不顺，真的很难去经营好自己的生活和工作。及时放下心中的包袱，去好好享受自己的生活。

小心那些扯你后腿的人

假定你对几个朋友说："有朝一日我会变成一家大公司的老板。"这时将会怎样呢？这些朋友可能会认为你在开玩笑，只是随便说说而已。他们一旦相信你说的话，可能会挖苦你："真可怜！你得从头学习才办得到呢！"也可能在背地里怀疑你有没有当老板的资格和能力。

假定你对你现在的老板这么说，又会怎样？可以确信，他绝不会一笑了之，他会细细地打量你。那是因为他就是这样走过来的。

假如你对一群普通朋友透露："计划买一栋400万元的豪华

住宅"。他们会嘲笑你，因为他们认为你办不到。但如果你告诉一个住在 400 万元房子里的朋友，他就不会惊奇，因为他知道这不是不可能的事，他自己就做到了。

请你记住：说你办不成某事的人，都是无法成功的人。也就是说，他个人的成就，顶多普普通通而已。因此，这种人的意见，对你有害无益。

请你多多远离那些说你办不到的人吧，只能把他们的警告看成"证明你一定能办得到"的挑战，仅此而已。

此外，还要特别防范态度消极的人破坏你迈向成功的计划。这种人随处可见，他们似乎专门破坏别人的进步与努力。迈克·史华兹就曾经有过这样的经历：

"我念大学的时候，一连好几个学期都和 W 先生在一起。他是个好人，是在你缺钱的时候借点小钱，或者帮点小忙的那种人。虽然他有这种美德，但是他对自己的生活、前途和各种机会却尖酸刻薄，吹毛求疵。

"每当谈到如何出人头地时，这位老兄就说他的发财之道。他是这么说的：

'迈克，目前只有三个方法可以名利双收：第一个就是跟一个富婆结婚，第二个就是神不知鬼不觉地去抢劫，第三个就是想尽所有的方法拉关系，以便有机会多认识一些有头有脸的大人物。'

"他时常举例说明他的发财之道如何管用。他会从报纸上挑出一个社会新闻来证实他的看法。例如，一个非常著名的劳工领袖居然把所有的基金卷走潜逃。他还会一边睁大眼睛看那'水果小贩跟富婆结婚'的花边新闻，一边故意大声念给我听。此外，他还知道有一个家伙利用第三者的关系辗转认识了一个'大人物'，因而争取到一笔大买卖，发了大财。

"我不知不觉受到消极观念的影响，陷入了'放弃成功的基本信念'的漩涡。

"好在一天晚上跟这位老兄长谈一番后，我恍然大悟，发觉自己正在倾听失败的论调。

"从那时候开始，我就把这位老兄看成是一个试验品，再也不相信他的话，只是分析这个人而已。

"往后十一年我一直没有再见过他，但是有一个我们都认识的朋友几个月以前见到了他——他在华盛顿当绘图员，收入很低。我问这位朋友：'他的作风有没有改变呢？'

"'没有！还是老样子。如果一定要说他有点改变的话，那就是变得比以前更消极而已。我们都知道他确实很有头脑，如果肯动动脑筋的话，可以赚到五倍的收入。只是他不会用。'"

消极的人随处可见。有些消极的人，就像上面那位几乎使迈克·史华兹受到影响的人便是。另外，还有一些消极的人，自己不知上进，还想把别人也拖下水，他们自己没有什么作为，所以想使别人也一事无成。

在生活中，有这样的一类人，当你要做一件事的时候，他似乎很关心地说你一定做不成，或者说有风险之类的，让你止步不前。似乎在关心你，不过他有没有这个能力断定你的将来？

千万要小心那些消极的人，千万不要让他们破坏你的成功计划。

人生感悟

当你有任何困难时，要找第一流的人物来帮你出主意才好。如果向一个失败者请教，就跟想请算命先生来治愈癌症一样可笑。

放眼天下成功人士，在他们奋斗的过程中，都曾得到过"含金量高"的朋友的支持。正因如此，他们才度过了人生中最艰难的时期，缩短了创业的时间，走向了成功。

定期地让自己清零

曾有一位哈佛大学的校长来北京大学演讲时，讲了一段自己的亲身经历。

有一年，他向学校请了3个月的假，然后告诉自己的家人，不要问我去什么地方，我每星期都会给家里打个电话，报个平安。

　　然后，这位校长就去了美国南部的农村，去农场干活，去饭店刷盘子。在田地里做工时，他背着老板吸支烟，或和自己的工友偷偷地说几句话，都感到很高兴。

　　最后，他在一家餐厅，找了一个刷盘子的工作，只工作了四小时，老板与他结了账，对他讲："老头，你刷盘子太慢了，你被解雇了。"

　　这位校长回到哈佛后，回到了自己熟悉的工作环境，但感到换了另外一个天地。原来在这个位置上是一种象征、是一种荣誉。这3个月的生活，重新改变了自己对人生的看法，让自己复了一次位，清了一次零。

　　忘记该忘记的，记住该记住的，定期地为自己清零，这样才会更上一层楼。

　　阿拉伯著名作家阿里，有一次与吉伯、马沙两位朋友一同出外旅行。三人行经一处山舍时，马沙失足滑落，眼看就要丧命。机灵的吉伯拼上命拉住了他的衣襟，将他救起。为了永远记住这一恩德，动情的马沙在附近的大石头上用力镌刻下这样一行字："某年某月某日，吉伯救了马沙一命。"

　　于是三人继续前进，不几日来到一处河边。因为长途旅行的疲劳使吉伯跟马沙为了一件小事吵了起来，吉伯一气之下打了马沙一耳光，马沙被打得火星直冒。但是他没有还手，却一口气跑到了沙滩上，仍然用很大力气在沙滩上写下一行字："某年某月某日，吉伯打了马沙一记耳光。"

这以后，旅行很快结束了。回到家乡，阿里怀着好奇心问马沙："你为什么要把吉伯救你的事刻在石头上，而把打你耳光的事写在沙滩上？"

马沙平静地回答："我将永远感激并永远记住吉伯救过我的命，至于他打我的事，我想让它随着沙子的运动忘记得一干二净。"

忘记是人的天性。一生中，我们要经历许多事情，要相识相交许多人。而心灵像极了一个筛子，在世事沧桑颠沛变换之中，会遗漏许多人。

不过，对于智者来说，他们忘记的是别人的不足和过错，他们不会刻意去记恨一个人，而他们记住的却是别人的好和善，并时时充盈着自己的一颗感恩的心。这样，他们过的将是一种宽恕和大气的生活。

人生感悟

定期地让自己清零。因为，过去的已经过去，未来的还需努力，清零自己才能卸下"荣誉""成功""失败"的包袱，更好地向新的目标前进。

我们只有让自己处在一种空灵的状态，处在一种没有负担的状态，才能像一个空杯子一样，给杯子里装进智慧，装进创造力。

陨石猎人的光荣与梦想

18 岁那年暑假，她和舅舅一起，第一次来到了大上海。

喜欢珠宝是大多数女孩的天性，珠宝首饰柜台的一件首饰深深吸引了她。不是璀璨的钻石和水晶，那个耳坠上的宝石，在众多宝石里并不出色，光泽暗淡，也没有丝毫的晶莹剔透，可价格，却是所有宝石中最高的。

一问才知道，那是一款用陨石做的饰物。服务员笑靥如花："别看它不起眼，但是它来自外星球，来自茫茫的宇宙，说不定还带着外星人的问候呢！"

就这么一句话，打开了她内心好奇的大门。

从那天起，她开始独自一人往宾馆附近的书店里跑。

舅舅很纳闷："带你来上海，就是想要你多玩玩，开心开心，你怎么总是往书店跑？家里不也有书吗？"

她的回答没头没脑："为什么它比钻石还昂贵。"舅舅愣在那里，后来才知道，她问的是陨石。带着这个问题，高考时，她果断地放弃了自己做老师的理想，跨进了中国地质大学的大门。

进入大学，凭着对陨石的热爱，她组织了一批陨石爱好者，成立了关于陨石知识的社团。一天，她参加了一个陨石爱好者的集会。集会上，放了一部关于陨石的片子。

片子里，一个陨石猎人拿着一块陨石，对所有人说："与那些古董不同，陨石虽然同样珍贵，但它需要我们用最快的速度去发现它们，否则，风化和自然的打磨会让陨石在数年内失去自己独有的价值和风采。我想呼吁大家，来救救陨石，做个猎人。"

她被震撼了，她问自己，你那么爱陨石，但究竟为陨石做过什么？

她正式办理了休学手续，要去做一名陨石猎人。陨石收藏者们告诉她，在新疆和内蒙古，经常会有一些小陨石坠落，因为无人发现而被埋没。

没敢告诉家人，她独自整理自己的行李，向新疆进发。买好了车票后，她的卡里，只剩不足 400 元钱。

在新疆的戈壁滩上，靠着 200 元钱租来的帐篷，她开始了自己陨石猎人的生涯。

还有不到 200 元钱，她买了一些馕和水，放在帐篷里。每天带上一些，早上出发，晚上很晚才回来，寻找着陨石的踪迹。

到学校看望她的父母发现了她的不辞而别，怒气冲冲地来到新疆，想把她带回去。可看到一脸憔悴的女儿，以及女儿被风吹得皲裂的皮肤，他们心疼地流下了眼泪。

他们央求她回去，可是她却坚定地说："你们看，我在这里很好，为了自己的理想，我吃点苦算什么！"

无奈，他们只好留下了一些钱，提心吊胆地回了家。

　　3个月后，她把自己找到的第一块陨石寄回了家里。她在信里说："爸爸、妈妈，你们听见了没有，还有多少被埋没的陨石，在对我呼唤。"

　　后来，由于找到的陨石越来越多，她在圈子里的名气逐渐大了起来。陨石猎人对陨石的处理一般分为三个部分：出售一小部分，来维持自己的生活和作为寻找陨石的费用；拿一点儿出来，作为一些实验使用；最后剩余的部分，自己可以收藏。市场上26美元一克的陨石价值让她的经济不再那么拮据。在出售了部分陨石后，她购买了一些寻找陨石的器械。

　　付出终究会有回报，她竟找到了一块20公斤左右的石铁陨石。消息传出，整个陨石收藏界沸腾了，甚至连日本的陨石收藏爱好者都向她伸出了橄榄枝，愿意出200万的价格买走这块陨石作为收藏。他一共去找了她四次，都被她拒绝了。

　　她把这块陨石一小部分出售给珠宝企业，做了饰物，剩余部分，无偿地捐给世界上的一些陨石研究机构。

　　有人说，你真傻。

　　她说，很值。

　　23岁，她成为了亚洲有名的陨石猎人之一。一年不到的时间，她找到了13块大大小小的陨石。这些陨石的价值和数量，足够她舒适和安稳地过完下半辈子。

　　可是她没有从此享受安逸的计划，她说，每块陨石，都是一个天使，我们不能因为它来到人间，就不再珍惜。

人生感悟

　　因为对梦想的执着追求，才有了我们今天这个美妙的世界。

　　努力去实现自己的梦想，别为此而留下遗憾。当然，下这样的决心必须靠你自己。如果，你是个有决心的人，不达目的绝不终止，那么就没有任何事可以阻碍你了。

我们老得太快，却聪明得太迟

　　我的一位朋友去年丧偶。

　　这突如其来的事故，实在教人难以接受，但是死亡的到来不总是如此吗？

　　朋友说他太太最希望他能送鲜花给她，但是他觉得太浪费，总推说等到下次再买，结果却是在她死后，用鲜花布置她的灵堂。

　　这不是太愚蠢了吗？！

　　等到……等到……似乎我们所有的生命，都用在等待。

　　"等到我大学毕业以后，我就会如何如何。"我们对自己说。

　　"等到我买房子以后！"

　　"等我最小的孩子结婚之后！"

“等我把这笔生意谈成之后！”

“等到我死了以后。”

人人都很愿意牺牲当下，去换取未知的等待；牺牲今生今世的辛苦钱，去购买来世的安逸。在台湾只要往有山的道路上走一走，就随处都可看到“农舍”变“精舍”。山坡地变灵骨塔，无非也是为了等到死后，能图个保障，不必再受苦。许多人认为，必须等到某时或某事完成之后再采取行动。

明天我就开始运动；明天我就会对他好一点，下星期我们就找时间出去走走；退休后，我们就要好好享受一下。

然而，生活总是一直变动，环境总是不可预知，在现实生活中，各种突发状况总是层出不穷。

身为一个医生，我所见过的死人，比一般人要多得多。

这些人早上醒来时，原本预期过的是另一个平凡无奇的日子，没想到一件意料之外的事：交通意外、脑溢血、心脏病发作等等，使生命的巨轮倾覆离轨，突然闯进一片黑暗之中。

那么，我们要如何面对生命呢？

我们无需等到生活完美无瑕，也无需等到一切都平稳，想做什么，现在就可以开始。

如果你的妻子想要红玫瑰，现在就买来送她，不要等到下次。

真诚、坦率地告诉她：“我爱你”“你太好了！”

这样的爱语永不嫌多。

如果说不出口，就写张纸条压在餐桌上：“你真棒！”

或是："我的生命因你而丰富。"不要吝于表达，好好把握。

记住，给活人送一朵玫瑰，强过给死人送贵重的花圈。

每个人的生命都有尽头，许多人经常在生命即将结束时，才发现自己还有很多事没有做，有许多话来不及说，这实在是人生最大的遗憾。

别让自己徒留"为时已晚"的空余恨。

逝者不可追，来者犹未卜。最珍贵、最需要适时掌握的"当下"，往往在这两者蹉跎间，转眼错失。

有许多事，在你还不懂得珍惜之前已成旧事。

有许多人，在你还来不及用心之前已成旧人。

遗憾的事一再发生，但过后再追悔"早知道如何如何"是没有用的，"那时候"已经过去，你追念的人也已走过了你的生命。

一句瑞典格言说："我们老得太快，却聪明得太迟。"

不管你是否察觉，生命都一直在前进。人生不售来回票，失去的便永远不再有。

不要再等待有一天你"可以松口气"，或是"麻烦都过去了"。

人生感悟

生命中大部分的美好事物都是短暂即逝的，享受它们，品尝它们，善待你周围的每一个人，别把时间浪费在等待所有难题的"完美结局"上。

奉劝你一句话：把握当下，莫等待。

乌鸦猎羊的启示

十多年前，大型超市和连锁店用计算机系统管理的方式悄然兴起。大伟和三个同学经过反复考证，决定筹建自己的公司，专攻商业管理系统的软件开发。

一年后，资金快要耗尽的时候，曙光初现。一家即将开业的超市准备安装一套计算机管理系统。这是本市第一家有意向的超市。如果他们安装成功，可以淘到第一桶金，同时有利于开拓下一个商场。大伟满怀信心地去谈判。超市总经理嫌公司规模太小，无论实力还是信誉几乎为零，断然拒绝了他。

一年多的心血和十几万的投入被人看得一文不值，让他沮丧到了极点。

这时，一个同学讲起了乌鸦猎羊的寓言。乌鸦不会捕猎，就跟在羊群后面，将羊的粪便衔起飞到空中，寻找狼的踪迹。一旦发现了狼，就将羊粪蛋投撒下去。狼闻到新鲜的羊粪味儿，找到羊群并有所收获。狼饱餐离去之后，乌鸦们一哄而上，饱食一顿羊肉大餐。

听完这个故事，大伟起初有点发愣，随后拍手叫好。大家下一步的思路就统一了，到上海找一家实力雄厚的公司，和那家超市签约连锁，他们从中不提取一分钱的利润，但是作为提供信息的交换条件，那套计算机管理系统的安装和调试必须由他们一手完成。

一星期后，上海一家大公司派来了签约代表。

当大伟出现在超市总经理的面前时，他惊诧莫名。大伟说："在安装成功之前，我们不会离开商场半步，如果出现差错，你立刻把我们送到公安局，说我们是骗子。"事已至此，超市总经理也只好同意。

随后的三天三夜，大伟的团队没出过商场的大门，渴了就喝几口凉水，饿了就啃点儿饼干，因为他们知道，要猎的"羊"不是金钱而是信誉。

调试的结果，一切正常，商家满意。如今，这座城市一半商场的计算机管理系统都是大伟的公司安装的，他们的业务还拓展到了其他的省份，这一切源于那一次成功的"猎羊"行动。

用人是要善于借他人之力，用财时也需如此。很多白手起家的富翁就是靠借鸡下蛋才成就一番事业的。不仅在事业的起步阶段，任何时候能够运用好"借鸡下蛋"这着棋，都能让事业和财富有突飞猛进的增长。

人生感悟

俗话说：大树底下好乘凉，先为自己找好一个靠山，待机而动。

作为弱小起步者，善于借势发力，就像借风飞扬自己的旗帜一样，是一种双赢的策略，使自己便捷地到达成功的彼岸。

为失败者喝彩

别人都为胜利者喝彩，这里却要为失败者喝彩。

在外人看来，一个绰号叫斯帕基的小男孩在学校里的日子应该是很让人看不得。他读小学时各门功课都不理想。到了中学，他的理化成绩通常都是个位数，他打破学校有史以来理化成绩最糟糕的学生的记录。

斯帕基在拉丁语、数学以及英语等科目上的表现同样惨不忍睹，体育也不见得好到哪里去。虽然他参加了学校的篮球队，但在赛季唯一一次重要比赛中，他输得一塌糊涂。

在他的成长时期，斯帕基笨嘴笨舌，社交场合很少见他的踪影。这并不是说，其他人都不喜欢他或讨厌他。事实是，在人家眼里，他这个人压根儿就是个隐形人。如果有哪位同学在学校外主动向他问候一声，他简直会受宠若惊，兴奋不已。

斯帕基真是个无药可救的失败者。每个认识他的人都知道这一点，他本人也很清楚，然而他对自己的表现似乎并不十分在乎。从小到大，他只对一件事情感兴趣——画画。

斯帕基一直深信自己拥有不凡的画画才能，并为自己的作品深感自豪。但是，除了他本人以外，他的那些涂鸦之作从来入不了别人的法眼。上中学时，他向校外的一家杂志社提交了几幅漫画，但最终一幅也没被采纳。尽管有多次被退稿的痛苦经历，斯帕基从未对自己的画画才能失去信心，他决心今后成为一名职业漫画家。

中学毕业那年，斯帕基向著名的迪斯尼公司写了一封自荐信。该公司让他把自己的漫画作品寄来看看，同时规定了漫画的主题。于是，斯帕奇开始为自己的前途奋斗。他投入了巨大的精力与非常多的时间，以一丝不苟的态度完成了许多幅漫画。然而，漫画作品寄出后却杳无音信，最终迪斯尼公司没有录用他——斯帕基再一次遭遇了失败。

生活对斯帕基来说简直是黑夜。四处碰壁之时，他尝试着用画笔来描绘自己平淡无奇的人生经历。他以漫画语言讲述了自己灰暗的童年、不争气的青少年时光——一个学业糟糕的不及格生、一个屡遭退稿的所谓艺术家、一个无人注意的失败者。他的画也融入了自己对画画的执着追求和对生活的真实体验。

出乎意料的是，斯帕基所塑造的漫画角色居然一炮走红，连环漫画《花生》很快就风靡全世界。从他的画笔下走出了一个名叫查理·布朗的小男孩，这也是一名典型的失败者。他的风筝从来就没有飞起来过，他也从来没踢好过一场足球，他的朋友一向叫他"榆木脑袋"。

熟悉斯帕基的人都知道，这正是漫画作者本人——日后成为大名鼎鼎漫画家的查尔斯·舒耳茨——早年平庸生活的真实写照。

人生感悟

　　千百年来，人们都是为胜利者欢呼喝彩，而把失败者冷落在一边。其实，失败者付出的辛苦并不亚于胜利者。

　　失败者应该坚信：失败乃成功之母。没有失败母亲，哪来成功儿女。永远不要去嘲笑失败者，即使在他们失败无数次以后。

师父，我知道错了

　　在一座深山的小寺庙里，有这样的师徒二人：师父每日参禅打坐、诵经礼佛。小徒弟除了每日的日课，还要照顾师父和负责清扫寺院的工作。然而，小和尚年龄尚小，还在淘气的时候，经常趁砍柴的工夫偷偷溜到山后游玩。师父看在眼里，可也不怪他。

　　一日，小和尚又去砍柴，在树丛中发现了一只受伤的麻雀。小和尚抓起麻雀，正待察看，可怜的麻雀却死在了小和尚手里。小和尚惊慌失措，大叫"阿弥陀佛"，心道："这鸟儿也真是的，怎么偏偏我一看它就死了呢。"

　　小和尚想挖个坑将麻雀掩埋，又觉得没这个必要。他把麻雀的尸体放回地上，可还是觉得不妥。"万一被其他动物吃了怎么办？"小和尚心里这样想着，更不知如何是好。

忽然，一丝邪念进了小和尚的脑海，想当年未出家时，也曾吃过……想到这，小和尚不禁四下张望，好像自己已经犯下了弥天大罪。然而，毕竟年龄尚小、道行不深，小和尚到底没能禁得住诱惑，偷偷点了把火将麻雀烤熟吃了。

傍晚，小和尚回到庙里，见到师父，师父问他："为何回来得迟了？"他回答说："遇到山下几个同龄的孩子，多玩了一会儿，还望师父不要责罚"。师父笑了笑，也不说什么，只嘱他回去好好休息。

夜里，小和尚越想越自责，痛恨自己不该破戒扯谎。然而，错已铸成，悔之晚矣。小和尚一时也不知如何是好，辗转反侧、迷迷糊糊就到了天亮。

小和尚早早起床，将寺庙里外打扫得一尘不染，挑水、劈柴都比平日用功。师父看在眼里，还是什么也不说。

接下来的几天，小和尚依旧如此。每日按时诵经，干活卖力，出去砍柴也早早回来，再不拖延。终于有一天，小和尚再也熬不下去了，跑到师父面前，痛哭流涕，将那日偷吃麻雀的事一五一十地说了出来。"师父，我知道错了……"小和尚越哭越伤心，不知如何才能弥补自己的罪过。

师父听完他的讲述，微微笑着说："犯错并不可怕，只看你能否认识到自己的错误。你能来告诉师父，证明你还是个诚实、正直的孩子。这些天来，你已经做了足够的忏悔，不是吗？"

原来，师父早看出了他的心思，只等他自己醒悟，这种深刻的心理烙印远胜过他人的惩罚。记住，不能纵容自己犯错。但也不能把过去的错误看得太重。

人生感悟

不要把错误看得太重，更不要灰心丧气，而是认真分析，学会从错误中汲取教训，将过失转化成经验。

人生没有太多时间让我们犹豫，凡事先行动了再说。唯有从行动的步伐中，我们才能不断发现错误，修正错误，并累积成果。如此，我们才能正确无误地抵达梦想的终点。

一句解释，一生遗憾

布莱克先生正坐在他宽大的办公室里，奋笔疾书做新项目的规划。秘书进来说，一个自称是他父亲律师的人来找他。布莱克没有抬头，拿着笔的手顿了一下，非常冷漠地说："我没有父亲。"

秘书出去了。

没过一会儿，秘书又进来了，说那个人坚持要见他。

布莱克开始心烦意乱："我不是说过了吗，我没有父亲，让他走！"

"可是……"

"可是什么？我不需要听他的解释。"布莱克说完这句话，仿佛自己做错了什么似的，整个人凝住了。

他的思绪回到了20多年前，那时他刚满11岁。

"我不听你的解释。"

"可是，爸爸……"

"可是什么？我说过了，不要来浪费我的时间。你总是有各种理由来向我要钱，难道我没有把每月的赡养费送到你妈妈那里去吗？好了，不要再说了，快走。"

小布莱克只好走出父亲的房间，羞愧和怨怒挂满了他纯洁的眸子。他本想说，昨天深夜一伙强盗闯进了家门；他更想说，母亲现在正躺在医院里等着急救。然而，一切的希望在这一刻被绝情的父亲打破，自己还没来得及解释就被倔强的父亲赶了出来，因为在父亲的眼里，自己——还有母亲——只是来骗他的钱的。

20多年过去了，母亲在那个夜晚因为没钱医治死在了小布莱克的怀里。20多年来，他拒绝父亲的道歉，拒绝父亲的帮助，拒绝来自父亲的一切消息。

"可是……他说，你应该听他的解释。"秘书的话打断了布莱克对于往事的追忆。

"好吧，我应该听他的解释。"布莱克显得很大度。

那个律师进来了，很有礼貌但十分啰嗦地介绍了自己，然后提出告辞。

布莱克很诧异："你来找我，难道就是为了说这些吗？"

"感谢您耐心地听完我的话，我的任务完成了。现在可以迈入正题了——但是事实上以下这些话并不是我的委托人，也就是您的父亲要求我说的，但是我觉得有必要告诉您。"

律师接着说："20多年来，您以同样的方式惩罚着一个老人。他曾说过他欠您一个解释，但是他并不打算还给您；相反，他希望您能听完他的解释，因为——"

"因为什么？"布莱克有些激动。

"因为如果您继承了和他一样的自私和暴躁，总有一天您也会面临和他同样的遗憾和痛苦。"

布莱克若有所思。

律师继续说道："他一直没有勇气亲自来找您，但是现在我可以将这个也许会令他满意的答案告诉他了——事实上，他已经在3天前离开这个世界了。"

人生感悟

我们不要愤怒地拒绝，要给对方以解释的机会，因为平和而冷静的态度是最能够化解矛盾的。

不让苦难越洋

那一年的寒假，雪下得特别突然，他排了一天队只勉强买到两张硬座的车票。他担心她受不了 20 多个小时的硬座，她却在电话那头兴奋地大叫："你居然买到坐票了，我听说好多人都只能站着回家呢。"他心里突然间温暖而充实。他的心里，一直期待她些微的赞许，或者更准确地说是依靠。

火车上繁乱而拥挤，她坐在他身边，安静而柔弱。他看着她，排山倒海的感情冲击着他的心脏，他禁不住握起了她的手。看着她闪烁的目光里万千柔情，他暗下决心，一定要照顾她一辈子。

那年春节仿佛一个噩梦，让人措不及防，他的父亲因心脏病撒手人寰，留下弱不禁风的母亲，以及惊人的债务。他开始有意躲避她。他不能让她和他一起面对残酷的现实，不能让她来分担这种哀痛。他开始拼命打工，和她什么都没说，又好像什么都说了。

大学四年很快过去了，她申请去美国留学。他一直想着自己要足够强大去照顾她，或者说他不想她对他有丝毫的看不起。突然间，分别让这一切都变得毫无意义。她的热泪滴到他的心里，她说："四年后，我会回来，希望你做到你想做的。"

是的，他想做的，他最想做的是骄傲地踏实地拥她入怀。

他的事业慢慢地开始步入了正轨，债慢慢地还清了，他有了自己的公司，虽不大，但每一份疲惫都让他觉得充实、满足。人们说他像上足了发条的工作机器，但是他觉得幸福，四年快到了，梦想似乎很近很近。

但是，一项错误的决定让他不大的公司一夜之间濒临倒闭。他不再惧怕如山的债务，但是他不能面对她。在他的梦想里，她应该生活在他的呵护下，不食人间烟火享尽世间荣华。

他给她打电话："留在美国吧。"停了一下，他说："我有了女朋友。"电话那头，她微微地"啊"了一下，他的心脏迅速地抽紧。那一瞬间，他幻想着自己丢掉那可怜的自尊和骄傲，哪怕有那么一瞬间可以到她的身边去。触摸那自己朝思暮想的容颜。她挂掉电话。黑夜铺天盖地，他躺在地板上，甚至感觉不到心脏的跳动。

从此，他杳无音讯。他失魂落魄，只是玩命地工作，不再想儿女情长。

弹指一挥间，10多年过去了，他功成名就。每次他踏进公司大门的时候，所有的人感受着他的威严。一个成功的单身王老五，坚强、果断、白手起家，仿佛是一个传奇。

黑夜来临的时候，他的坚强像潮汐一般消退，孤独肆无忌惮地扑来。他不想放纵自己的感情，偏偏思念有如潮水般不可挡。

终于，她出现在他面前，手里牵着的小男孩聪明顽皮。他看着她，突然掉下泪来。小男孩在他的怀里好奇地摸着他的鼻子问："叔叔你怎么哭了？妈妈说有你这样鼻子的男人都不会懦弱。"

他忽然犹如芒刺在背，尴尬地笑着说："告诉叔叔，爸爸对妈妈好吗？"她笑起来，眼里闪动着感情和泪光："他是个好人，尽管我们现在都还在还房贷，但是我们一起走过了所有最美好和艰难的岁月。"

他知道她永远具有这种能力：对他一语中的。她知道是他那深埋在坚强后面的懦弱摧毁了爱情。他甚至不敢在爱人面前分享，他惧怕爱的压力，惧怕爱情灰飞烟灭。

人生中苦难与幸福并行不悖，等到他明白，一切已烟消云散。

目送她登机，他的眼泪前所未有地倾泻。她一直微笑着，努力控制着湿润的眼睛。登机之后，小男孩得意地问她："阿姨，我演得好不好？"男孩是一个朋友的爱子，酷爱表演。

飞机腾空的一刹那，所有的东西轻微地失重。她觉得生活飘了起来，或者是她见过了他，放下了最后牵挂。她取出止痛药，干涩地咽下。

旧金山的医院里，她像年轻时候一样，想着他，泪流满面。这时的旧金山，正是漫天飞雪、生命凋零的时候。

她走的时候安静而祥和。

中国的那个城市里，那个发誓要照顾她一辈子的人正怅然若失地走在厚厚的积雪上。她像一转身之间，人生，已是一世。

人生感悟

爱是生活中的点点滴滴：它是一杯爽口的龙井，给倦意的人驱走疲惫；也是一床柔软的棉被，温暖冰凉透底的心田；更是一件质朴的衣服，在人们的眼中充满魅力。而像这样伟大的爱，却让人无法表白，是悔恨，更是关爱。

辑二
无需远看，幸福就在身边

　　幸福就是当我看不到你时，可以这么安慰自己：能这样静静想你，就已经很好了。幸福就是我无时无刻不想着你，即使你不在我身边。

　　幸福就是每当我想起你时，春天的感觉便弥漫在空气里；

　　幸福就是不管外面的风浪多大，你都会知道，家里，总有一杯热腾腾的咖啡等着你；

　　幸福就是当相爱的人都变老的时候，依旧相看两不厌。幸福就是可以一直都在一起，一生一世，生死不弃……

藏在碗底的幸福

女孩记忆里，深藏着一样她特别怀念的食物，虽然它和美味无关，却有一种复杂的情感在里边，还包容了两个人的心。

记得刚结婚那会，婆婆问女孩喜欢吃什么？她想了半天，念念不忘的还是原来那碗杂烩拉面。说起那碗面时，平时沉默寡言的女孩，就再也收不住话头，脸上是一脸的向往。

因为跟母亲有关。

女孩记得，自己考上大学那年，就是母亲背着大包小包不远千里一路陪着来的。人生地不熟，好不容易找到学校，一切安排妥当，也到了晚上，母女俩拖着疲惫的步子在校门口踌躇半天，才走进一家兰州拉面馆喊了两碗三块钱的杂烩拉面。女孩当时是使劲地往碗里添萝卜干、榨菜、海带，然后呼啦啦地吃了个底朝天，汤都没剩。那是女孩第一次在外面吃"饭"，因为从小到大离家都近，她是饭盒不离身。后来，从大学毕业直到上班，女孩一直只身在外，但吃的最多的也还是兰州杂烩拉面，它不仅便宜，而且榨菜还能自己添加，饱肚子。偶尔有了假期，母亲也会不远千里来看自己，母女俩手牵手在纸醉金迷的城市，犹如过客一般，不厌其烦地从南逛到北，再从北逛到南，虽然什么都不买，但也幸福溢在脸上。因为她们累了，就会找个兰州拉面馆一边歇息，一边吃杂烩拉面。

后来，女孩想在南方扎根，工作越来越努力了，陪母亲的时间也越来越少了。母亲学会了做拉面。那天她一进家门，母亲就把面端在桌上：一根根面，不匀称，没颜色，也没作料。虽然看起来毫无食欲，但女孩还是动了筷。她无力地在碗里翻着，心里不是滋味，独自在外的凄凉加上生活的拮据，委屈的她眼泪溢出眼眶。但随着碗底出现煎蛋，接着又是花生米，还有她最爱吃的海带、萝卜干、酸豆角。为了自己，母亲学会了做拉面，还能切出细细的凉拌海带丝和萝卜条。要知道，平时忙里忙外的母亲压根没时间做细工慢活，菜也都是大块大块大根大根地就往锅子里倒。就算跟着女孩来到城市，母亲依旧改不了她那火辣辣的粗人性子，但如今，想着厨房里忙碌的身影，女孩拥着母亲哭了，她说以后我给您开面馆。

可女孩终究是吃腻了那碗惊喜的拉面，她跟母亲说了多次作料不要放在碗底。可第二天依然如此。后来，母亲回老家了。女孩心里责怪母亲，说母亲就是这样，如同那碗底的作料一般，一辈子都不会改变，更不会体谅女儿工作的劳累和辛苦，也不会委屈着陪伴女儿。但女孩偶尔还是会独自抽空出去吃拉面，因为那总能让她回想起与母亲的点滴。

生日那天，工作一天的女孩早已忘记疲劳，但心底的凄冷占据了整颗心，脑海里回想着那碗拉面和乡下沉默粗糙的母亲。家门口，徘徊半天她才按下门铃，正转身想走时丈夫匆匆出来开门，女孩往里一看，餐桌上，瓶里的百合开得静好。惹眼的青花瓷碗里装着一碗拉面，上面满是作料，有海带、萝卜干，还有花生米。红的，黄的，绿的，她看着心花怒放。婆婆站在一旁乐呵呵地朝着她笑，嘴里说着快尝尝，凉了就不好吃了。

女孩吃着面，穿越时光隧道，她忽然明白母亲和婆婆对自己是同样的关爱和心疼的，只是表达的方式不同而已。

两碗面就如两个人：婆婆直白，所以她的作料全在面上，同时也告诉了女孩，爱就是要让人知道；而母亲呢？作料全藏在碗底，如她的人一样，表面大方，手脚粗笨，但为人内敛，她的爱是藏在心里的，是好也不说，或许，这就是母亲想告诉女孩的爱了，爱是需要用心去挖掘的。

人生感悟

爱情是要用心去体会的。爱情是虔诚的精神之爱，是一种真实心灵碰撞；是一种完全的心灵欣赏，心灵愉悦。爱情只有灵魂愉悦，没有附加条件。爱情没有年龄和健康的障碍，没有地域的障碍，没有贫富和地位的比较，没有相貌的比较。谁能比较一个携青春美貌女友乘游轮周游世界的阿拉伯王子，与一个蹬着三轮车拉着年迈妻子逛街景的老头，哪一个更幸福呢？爱情就是真心相爱，是真爱。真爱，美好而圣洁。不是真心相爱，就不叫爱情。

向后看别有洞天

两位美国科学家做过一个有趣的试验：在两个玻璃瓶里分别放进 5 只苍蝇、5 只蜜蜂，然后将瓶底对着亮光，瓶口朝向暗处。几小时后，5 只苍蝇从瓶子后端暗处找到出口，爬了出来。5 只蜜蜂全都撞死了。

科学家分析认为，蜜蜂把有光源的地方看做唯一出路，每次都朝同一方向飞，而苍蝇不死盯着那点儿亮，碰壁后知道向后看。蜜蜂与苍蝇，一前一后，一生一死，揭示了成功的秘诀。将昆虫换成人类，道理同样适用。在困境中学会向后看，另谋出路，是一种智慧人生。

人生有亮点，自然就有暗点，而且经常发生错位。懂得向后看，修正自己，调整人生，重定坐标。当前面天空遮盖浮云，失去色彩时，回头同样能看见蔚蓝。

一家纺织厂有两个 40 岁的女性同时下岗，一个是工程师，一个是工人。工程师愤怒、吵闹、谩骂，无法解脱。女工则很快走出阴影，发挥烹调特长，在亲友的帮助下，开了个小火锅店，一年多不仅还清了借款，生意还扩大了好多倍，如今已是当地小有名气的餐馆。

生活总喜欢把荣辱、成败、得失等对立的东西同时呈现在人们面前，考验人的心性。这时往往需要向后看，理清思绪，拥有一颗平常心，学会平静地说再见，避免误入激流，剑走偏锋，伤及他人和自身。

电视剧《九岁县太爷》里的酒店女老板说，任何人一生或许有两件事都躲不过：讨饭、坐牢。许多人猜不透话中玄机。其实，她是指"形与神"。有些人形没讨饭，但神在讨饭；形没坐牢，但神在坐牢。这种心态监牢、心理监牢、情绪监牢、精神监牢，恐怕不少人都坐过。不"坐牢"是人生的成熟。

向后看，不是消极回首，而是一种前瞻；不是刻意逃避，而是一种壮行；不是甘于平庸，而是角色转换；不是砸碎原有生活框架，而是在现有框架里构建新生活。张果老倒骑驴，"功夫向后看，功效向前进"。

人生感悟

人生之旅风一程雨一程，人生脚印或深或浅。美好的事物常从指缝滑落。悲伤与阵痛，连接冷暖更迭，交替人生苦乐。美好的过去值得留恋，但不能指望谁都给你阳光。回头想想，人生如戏，自己才是唯一的导演。前半部戏不管如何让人后悔，也无法重新改编，唯一的选择是让后半部日臻完美。

哲人说："一个人的幸运在于恰当时间处于恰当的位

置。"人生道路崎岖，不管痛惜还是悔恨，生活终究还要继续。向后看，从时间里寻觅真理，收拾好心情，领悟人生，准确定位，用智慧汗水兑换幸福。

满足就是幸福

有一个人，他生前善良且热心助人，所以在他死后，升上天堂，做了天使。他当了天使后，仍时常到凡间帮助人，希望感受到幸福的味道。

一日，他遇见一个农夫。农夫的样子非常懊恼，他向天使诉说："我家的水牛刚死了，没它帮忙犁田，那我怎能下田作业呢？"

于是天使赐他一只健壮的水牛，农夫很高兴，天使在他身上感受到幸福的味道。

又一日，他遇见一个男人，男人非常沮丧，他向天使诉说："我的钱被骗光了，没盘缠回乡。"

于是天使给他银两做路费，男人很高兴。天使在他身上感受到幸福的味道。

又一日，他遇见一个诗人。诗人年青、英俊、有才华且富有，妻子貌美而温柔，但他却过得不快活。

天使问他："你不快乐吗？我能帮你吗？"

诗人对天使说："我其他的都有，只欠一样东西，你能够给我吗？"

天使回答说："可以。你要什么我也可以给你。"

诗人直直地望着天使："我要的是幸福。"

这下子把天使难倒了，天使想了想，说：我明白了。"

然后把诗人所拥有的都拿走。

天使拿走诗人的才华，毁去他的容貌，夺去他的财产，和他妻子的性命。

天使做完这些事后，便离去了。

一个月后，天使再回到诗人的身边。他那时饿得半死，衣衫褴褛地躺在地上挣扎。

于是，天使把他的一切还给他。

然后，又离去了。

半个月后，天使再去看看诗人。

这次，诗人搂着妻子，不住向天使道谢。

因为，他得到幸福了。

人生感悟

　　幸福的含义总是让人捉摸不透，幸福的阶梯总是让人难以攀登，知足常乐是种幸福，甘于平淡也是种幸福，看我们用什么样的心态去看待幸福，去感受幸福。有的时候，幸福无处可寻又无处不在，生活的点点滴滴都蕴育着幸福。我们总是一路不停地追求新的幸福，从来没有给自己时间和空间去真正地感受幸福的含义。其实很简单，只要你自己认为满足了，那么幸福就悄悄地来到了你的身边。

真实的温暖

接到他的电话，她的心狂跳如鼓。8年了，她以为已经将他遗忘，最起码已经将与他有关的记忆封藏，可是，她骗不了自己的心，只那一声低低的呼唤，她所有的防线便全线崩溃。一如当年，她恨不能生出双翅飞奔到他跟前。只是，下班前没忘了打电话给家里的男人：要与同事吃饭，你接孩子。

8年的时光流转，他变成了什么样？坐在出租车上，她想。反光镜里，是一张心绪不宁的女子的脸，虽仍秀丽，细瞅，眼角却挡不住岁月的痕迹。谁能赢得了和时间的比赛，她早已为人妻，为人母，对于不舍的过往，就像歌里唱的——往事只能回味。

在他下榻的酒店，一个浅浅的拥抱恍如隔世，感情的绵密纠葛只适合藏在心底。临窗对坐，说起各自的家庭、工作、生活，她感情的潮水渐渐退去，一波一波将她送回岸边，那种溺水的恐惧感消失殆尽。在他静静地注视下，她知道，他们再也回不去了。

"只要你生活得幸福，我就放心了。"他说。她又何尝不是，只要他幸福，强过他对她的好。那一刻，她听见，这许多年的牵牵念念，在心底纷纷尘埃落定。

他的电话响了，他看一眼，笑：我妻子。转身到一旁接电话。尽管他压低了声音，她还是听到他在向妻子汇报行程，大意是工作忙完了，明天就可以返家，问家里怎么样，孩子调皮了没有……她浅浅地笑：一个顾家的男人，幸福的一家三口。

他返身坐回，她的手机也响了。电话里，大男人嘱咐她早回家，小男人还等她回来讲故事……他笑着望着她。她有些羞赧，仿佛被人窥见了什么隐私，脸微微红了。他说："就这样吧，天不早了，我送你回去。"

他只把她送上了出租车。打开车窗，微风吹在脸上，想起他的话：就这样吧。是啊，就这样吧。忽然，她有想哭的冲动。当年，他们阴差阳错地错过，她心凉如水，再不肯提"感情"两个字。在家人的撮合下，匆匆嫁了，爱与不爱又如何。谁想，男人拿她当个宝，家务不让做，只管照顾得体贴入微。可是，她却没有感觉，心如同一根枯枝，再难发新芽。接下来，有了孩子，生活便越发成了一种程式。

　　有时，看着当丈夫的那个人在眼前忙碌，她会有片刻的恍惚，换成当年的他，她可舍得让他劳累？便有些心猿意马，便有丝丝缕缕的愁怨，在心底反复纠结。

　　曾憧憬过千万次的重逢就这样来临，来临又能怎样，手中在握的除了各自真实的日子，谁还有勇气跟生活撒娇。在这样一个年龄，只能相逢一笑，挥手间，白云苍驹。她忽然间如释重负，像从梦魇中醒来，从未有过的轻松。

　　回到家，男人来开门，她第一次主动抱住他，男人先是一惊，旋即，宽大温暖的胸膛覆盖了她。她终于明白，这才是今生尘世中真实温暖的所在。

人生感悟

　　记得舒婷描绘过这样一道风景：大街上，一个安详的老妇人和一个从容的老人微笑着从不同的方向面对面的走近，然后是微笑着，鼻尖顶着鼻尖的站着，双手紧紧地握在一起。身后西下的阳光把他们的头发和笑容染成一片暖暖的黄，身边的人被他们的幸福染成了一片温暖。

　　也许不完美，也许不精致，也许不浪漫。但是就是那一种淡淡的感觉，没有大喜也没有大悲，没有99朵玫瑰，也没有魂断蓝桥，但是有一种手牵着手并肩漫步的感觉。牵着你，我会感觉那就是永恒。

心的方向就是幸福的方向

一个老师给他的学生们讲了个故事：

有一位昆虫学家和他的商人朋友一起在公园里散步、聊天。忽然，他停住了脚步，好像听到了什么。

"怎么啦？"他的商人朋友问他。

昆虫学家惊喜地叫了起来："听到了吗？一只蟋蟀的鸣叫，而且绝对是一只上品的大蟋蟀。"

商人朋友很费劲地侧着耳朵听了好久，无可奈何地回答："我什么也没听到！"

"你等着。"昆虫学家一边说，一边向附近的树林小跑了过去。

不一会儿，他便找到了一只大个头的蟋蟀，回来告诉他的朋友："看见没有？一只白牙紫金大翅蟋蟀，这可是一只大将级的蟋蟀哟！怎么样，我没有听错吧？"

"是的，您没有听错。"商人莫名其妙地问昆虫学家："您不仅听出了蟋蟀的鸣叫，而且听出了蟋蟀的品种，可您是怎么听出来的呢？"

昆虫学家回答："个头大的蟋蟀叫声缓慢，有时几个小时就叫两三声。小蟋蟀叫声频率快，叫得也勤。黑色、紫色、红色、黄色等各种颜色的蟋蟀叫声都各不相同，比如，黄蟋蟀的鸣叫声里带有金属声。所有鸣叫声只有极其细微，甚至言语难以形容的差别，你必须用心才能分辨得出来。"

他们一边说，一边离开了公园，走在马路边热闹的人行道上。忽然，商人也停住了脚步，弯腰拾起一枚掉在地上的硬币。而昆虫学家依然大踏步地向前走着，丝毫没有听见硬币的落地之声。

"这个故事说明了什么道理？"老师问。

大家都在思考，没有人回答。

等了一会儿，老师自己给出了答案："昆虫学家的心在虫子们那里，所以他听得见蟋蟀的鸣叫。商人的心在钱那里，所以，他听得见硬币的响声。

这个故事说明，你的心在哪里，你的幸福就在哪里。你的心所指的方向才是幸福的方向，幸福需要用心去浇灌。

人生感悟

幸福是一种感觉，它不取决于人们的生活状态，而取决于人的心态。感觉幸福的时候，一切看起来都是那么美好。一个人在地里劳动，满头大汗，可是他觉得很幸福，他就是幸福的；另一个人在自家花园里散步，可是他觉得自己很不幸福，他就是不幸福的。其实，你觉得你幸福你就是幸福的，幸福与不幸福都在你自己的心中……

手头的幸福

《笑林广记》中有这样一则故事：

一鬼托生时，冥王判作富人。

鬼曰："我不愿富。只求一生衣食不缺，无是无非，烧清香，吃苦茶，安闲过日子足矣。"

冥王曰："要银子使，再给你几万也是有的，但这样的安闲清福，难给你享啊。"

说实在的，我很为故事中的鬼赞叹，他不仅品性高阔，心境辽远，而且还谙识人生要旨。

你看他对来生的打算，不取富贵，唯求素朴清雅，淡泊一生，可谓无欲无求了吧。哪料，冥王兜头一瓢凉水：要银子，可多多给你，这样的清福，实在难以成全。

刚开始读到这个故事时，我百思不得其解。按理说，鬼的愿望极低，已经低到尘俗里了。几万银子都可以随便相送，怎么会满足不了这样一个退而求其次的简单要求呢。难道金钱和富贵，还抵不上尘俗里的一个小小的愿望吗？

现在，我懂了这个故事。我觉得，冥王真是把这个纷扰的尘世看清了，也看透了。

是的，这个世界，富贵如指尖的薄暖，浮名若云影的轻凉，即便会绚丽，但似烟花，难以长久。只有"一生衣食不缺，无是无非，烧清香，吃苦茶，安闲过日子"的生活，才是人生至境，如水扬清波，如风过疏林，每一个日子，看起来很清淡，但都是心头的日子，潜着香，藏着甜，是自己真正活过的每一天。

我们活在这个世界上，每天不断地奔跑，甚至奔命，追逐的，是世俗的需要，而非心灵的需求。富可敌国的人，未必找到了快乐；权倾一方的人，未必寻觅到了幸福。快乐和幸福，说到底，不是金钱和权力，而是心底里的一种安闲与宁静。

有一首民歌唱道：你眼前有的景，你没有看；你手头有的福，你没有享。是啊，我想说的是，我们多少人，在人生的这一刻，不正活在这人世间最美的至境中吗？可是，又有多少人，意识到了这一点，感受到了这一点？于是，多少眼前的美景被辜负了，多少手头的幸福白白地流逝了。

人 生 感 悟

幸福是一种比较，一种知足。在人生的道路上，人要有所追求，又要有所满足，所以说知足常乐。幸福是人生的一种知足，只要自己感到满足，感到快乐，你就是一个幸福的人。"暮春者，春服既成，冠者五六人，童子二三人，浴乎沂，风乎舞雩，咏而归。"只有心灵安定宁静者，才能享受这种高情雅致，这是超出世俗的幸福，不以物使，不为物役，天地何可不乐。

辑三
逆风的时候，更适合飞翔

逆风时，可能觉得有些困难，但是你还是坚持逆风而行。逆风的地方，我们深一脚浅一脚，几乎辨不清方向，走得很累很辛苦，但是迎风而落的树叶与因风而舞的裙摆让人也一起飞扬，无惧，勇往。

有一种信念，上帝不负

15世纪末的一个夏天，航海家哥伦布带领着船队返航，准备回到西班牙。又一次探险成功归来，整个船队的人都很高兴。国王的嘉奖，夹道欢迎的人群，大批的金银财宝仿佛就在前面招手……

可是航行不久，天气就变得十分恶劣了，天空布满了一团又一团的黑云，远方的飓风卷起海浪狰狞着向船队扑来。一道道翻腾的浊浪呼啸着向哥伦布的船队拍来，本来就已经千疮万孔的木船更是随着海浪摇晃了起来，喷溅的海水跃上了船舷和甲板，船队的桅杆很快就被折断了。

这是哥伦布航海以来遇到的最大一次灾难了，有几艘船已经被海浪打翻了，只是一闪就沉入了海底。船长悲壮地说道："也许我们将永远不能再踏上陆地了。"整个船队的人都很难过，没有想到会在返航的途中出现这样的问题。

哥伦布知道，今天也许要船毁人亡了，哥伦布很快钻进了船舱，把几页珍贵的资料卷好放进了一个密封的瓶子里，然后将瓶子抛进了波涛汹涌的茫茫大海里。"有一天，这些资料一定会被冲到西班牙的海滩上。"哥伦布十分肯定地对船长说。

"绝不可能！"船长说，"它可能会葬身鱼腹，也可能被海浪击碎，可能会被航海的人们捡到。但是肯定不会冲到西班牙的海滩上去，毕竟这儿离西班牙太远了。"

"不，它一定会被冲到西班牙海滩上去的，也许是一个月，也许是一年，也许是一个世纪，但它一定会被冲到西班牙去，这是我的信念，我相信上帝一定不会辜负我的信念的。"哥伦布坚定地说。

幸运的是，哥伦布和他的大部分船队最终还是安全到达了西班牙。回到西班牙后，哥伦布和船长不停地寻找那个漂流瓶。可是直到哥伦布离开这个世界的时候，那个漂流瓶也没有找到。

在哥伦布生命的最后时刻，哥伦布拉着船长的手说："那个漂流瓶一定会被冲到西班牙的海滩上的，这是我的信念，上帝会辜负一个人的生命，可是他绝对不会辜负一个人的信念。"哥伦布去世后，船长也一直派人在寻找那个漂流瓶，但是直到船长也离开这个世界也没有找到那个漂流瓶。船长把哥伦布的遗言和寻找漂流瓶的使命嘱咐给了自己的儿子。他们一代又一代的坚持在西班牙的海滩上寻找着那个漂流瓶。

1856 年的一天，大海终于把那个漂流瓶冲到了西班牙的比斯开湾，而此时距离哥伦布遭遇的那场海上风暴已经整整过去 3 个多世纪了。而这个漂流瓶里的资料也完好保存了下来，资料详细记录了当时哥伦布航海的情况。

有一种信念上帝是永远不会辜负的，只要信念的灯不灭，那么信念就一定会实现。

人生感悟

人是为什么而活？又是什么在支撑着人们努力奋发？其实，这不过就是两个字——信念。信念的力量是伟大的，它支持着人们生活，催促着人们奋斗，推动着人们进步，正是它，创造了世界上一个又一个的奇迹。信念的力量便是生命的源泉，在它的帮助下，人生路上，又有什么能够与之抗衡呢？

站起来，依靠自己的力量

在西方的一个国家，有一个经理，他把多年以来的所有积蓄全部投资在一项小型制造业。由于世界大战的爆发，他无法取得他的工厂所需要的原料，只好宣告破产。

金钱的丧失，工厂的倒闭，使他大为沮丧。他认为，是他把家人害得没有了这一切，于是他离开妻子儿女，成为一名流浪汉。过去的一幕幕时常在他的脑海里上演，他对于这些损失无法忘怀，老是徘徊在过去，不肯为今后的日子打算，而且越来越难过。到最后，甚至想要投湖自杀。

　　一个偶然的机会，他看到了一本名为《自信心》的书。这本书的内容说的全是关于怎么样能够把人的信心建立起来，在你的生活、工作崩溃了以后，如何重新恢复信心。当他看完之后，给他带来了勇气和希望。他决定找到这本书的作者，请作者帮助他再度站起来。

　　于是，他便四处打听，终于被他打听到了。当他找到作者，说完他的故事后，那位作者却对他说："我已经以极大的兴趣听完了你的故事，我希望我能对你有所帮助，但事实上，我却绝无能力帮助你。"

　　他的脸立刻变得苍白，默默地呆了几分钟，然后低下头，喃喃地说道："这下完蛋了。"

　　作者停了几秒钟，然后说道："虽然我没有办法帮你，但我可以介绍你去见一个人，他可以协助你东山再起。"刚说完这几句话，流浪汉立刻跳了起来，抓住作者的手，说道："看在老天爷的分上，请带我去见这个人。"

　　于是，他便跟着作者走到里边的卧室，来到一面高大的镜子面前，用手指着说："我介绍的就是这个人。在这世界上，你只有靠这个人的帮助，才能够东山再起。但是你必须安静地坐下来，好好地看清楚他，彻底认识他，否则你只能跳到密歇根湖里。因为在你对这个人做充分的认识之前，对于你自己或这个世界来说，你都将是个没有任何价值的废物。"

他朝着镜子向前走几步，用手摸摸他长满胡须的脸孔，对着镜子里的人从头到脚打量了几分钟，然后退几步，低下头，开始哭泣起来。等了一会儿，他就走了，也没对作者说什么。

几天后，作者在街上碰见了这个人时，几乎认不出来了。他的步伐轻快有力，头抬得高高的，他从头到脚打扮一新，看来是很成功的样子。

作者看到后，有点不敢相信自己的眼睛，走过去打了个招呼。当初的流浪汉很兴奋地说道："那一天我离开你的办公室时还只是一个流浪汉。我对着镜子找到了我的自信。现在我找到了一份年薪3万美元的工作。我的老板先预支一部分钱给家人。我现在又走上成功之路了。"顿了顿，接着他又风趣地对作者说，"我正要前去告诉你，将来有一天，我还要再去拜访你一次。我将带一张支票，签好字，收款人是你，金额是空白的，由你填上数字。因为你使我认识了自己，幸好你让我站在那面大镜子前，把真正的我指给我看。"

人生感悟

在这个世界上，只有你自己，才能帮助自己东山再起，也只有你自己，才能认识到自己的价值。有了自信，才能充分认识自己，使自己能够承受各种考验、挫折和失败，敢于去争取最后的胜利。

一把属于自己的钥匙

一个男孩在求学路上屡遭失败和打击。在确认他不适合在校读书后，他母亲很伤心。她将孩子领回家，准备靠自己的力量把孩子培养成才。可是，这孩子无论如何都记不住那些需要记忆的知识。在妈妈眼中，这男孩是一个不长进的孩子，怎么教他，他都学不会。

母亲彻底失望了，因为他高考了几次都失败了，他没能走进大学校门。

男孩知道他在母亲的眼里是一个失败者。母亲悲伤无奈地说："朽木不可雕也，你原本是块朽木，怎么雕都不会成器。"男孩很难过，他决定远走他乡去寻找自己的事业。

许多年以后，当年的男孩突然回来了，他已长成一个成熟的男人。

有一天，他希望母亲同他去参加一个名厨大赛。在名厨大赛上，这个男人表现出多种厨师技艺，他做出的每一道菜都是色香味俱佳。最终，在专家的评选结果中，他取得了名厨大赛的冠军。

在一片热烈的掌声中，他走上领奖台，激动地说："我想把名厨大赛的冠军杯献给我的母亲，因为我读书时没有获得她期望中的成功。她曾极度失望地认为我是朽木，现在我要告诉她，妈妈，我不是朽木，大学里没有我的位置，我总是拿不到考入大学的钥匙，但在生活中总会有一个位置是属于我的，而且是成功的位置，妈妈，总会有一把钥匙是属于我的，总会有一扇门是为我打开的。"

台下那位陪儿子一起来观看名厨大赛的母亲，万万没有想到，最终成为名厨冠军的获胜者居然是自己认为不成器的儿子。她流下了激动的泪水，深情地对儿子说："孩子，你不再是朽木，你是妈妈的骄傲！"

许多人都在生活中苦苦寻觅着自己的位置，遇到打击和失败都是正常的，但是不能灰心，条条大路通罗马，成功的道路不只一条。失之东隅，收之桑榆。天生我才必有用，只要你努力进取，总有一扇门是为你打开的，总有一把钥匙属于你自己！

人生感悟

失败并不可怕，只要我们怀着一颗不服输的心，勇往直前，那么胜利将不会离我们太远。只要厄运打不垮信念，希望之光就会驱散绝望之云，面对梦想道路上的困苦艰难坎坷，执著是最好的利剑，它会帮助一个人劈开艰难，穿越困境，抵达铺满鲜花的梦想。

寻求生花笔

江西抚州的王安石少有大志，负籍远游，曾挑着书箱行李，从家乡临川，来到宜黄鹿岗芗林书院求学。在名师杜子野先生的指导下，他勤奋苦读，每至深夜。

一日，王安石翻阅王仁裕《开元天宝遗事》，得知李白梦见自己所用的笔头上长了一朵美丽的花，因此，才思横溢，后来名闻天下。于是他拿着书问杜子野先生："先生，人世间难道真会有生花笔吗？"

杜子野正色道："当然有啊！事实上，有的笔头会长花，有的笔头不会长，只是我们的肉眼难以分辨罢了。"

王安石见杜子野先生如此认真，便道："那么先生能给我一支生花笔吗？"

于是，杜子野拿来一大捆毛笔，对王安石说："在这 999 枝毛笔中有一枝是生花笔，究竟是哪一枝，连我也辨不清楚，还是你自己寻找吧。"

王安石躬身俯首道："学生眼浅，请先生指教。"

杜子野摸着胡须，沉思片刻，严肃地说："你只有用每枝笔去写文章，写秃一支再换一支，如此一直写下去，定能从中寻得生花笔。除此，没有别的办法了。"

从此，王安石按照杜子野先生的教导，每日苦读诗书，勤练文章，足足写秃了五百枝毛笔。可是，这些笔写出来的文章仍然一般，也就是说还没有从中找到"生花笔"。他有些泄气，于是又去问杜子野先生："先生，我怎么还没有找到那枝生花的笔呢？"

杜子野没有说什么，饱蘸墨汁，挥笔写了"锲而不舍"四个大字送给他。

又过了好久，王安石把先生送给他的1998枝毛笔都写秃了，仅剩1枝。一天深夜，他提起第999枝毛笔写了一篇《策论》。突然，他觉得文思泉涌，行笔如云，一篇颇有见地的《策论》一挥而就。他高兴得直跳了起来，大声喊："找到了，我找到生花笔了！"

从此，王安石用这枝"生花笔"学习写字，接着乡试、会试连连及第。以后又用这枝笔写了许多改革时弊、安邦治国的好文章，被后人称为"唐宋八大家之一"。

人生感悟

锲而舍之，朽木不折；锲而不舍，金石可镂。就是意志坚定，不断追求之意。只要坚持不懈地努力，即使再难的事情也可以做到。

绕过那条沟

一位小学老师给学生们出了一道关于过沟的问题，大致内容如下：春游时，遇到一条水沟，不宽，但水很浑浊，看不清深度。一里远的地方，有一座小桥横亘在沟上。老师的问题是：请问，怎样才能以最快的速度到达沟的对岸。

同学们有的选择奋力一跳，有的选择绾起裤角蹚过去，有的说找一根木棍撑过去，还有的要找一块木板搭在沟上走过去。而只有一名学生的回答与众不同：他选择的是拼命从站立点跑向那座桥，从桥上绕过去，再跑到站立的对岸。

同学们笑他痴傻，取笑他。老师却没有急于说明这些答案的对错。他问这个绕桥而过的孩子：为什么这样选择？孩子说：跳，用力不够可能掉进沟里，也可能落到沟边的软土上滑进沟里；绾起裤角蹚那不知深浅的水，让人害怕；用木棍撑，一怕木棍短撑不起来跌入沟中，二怕撑起的木棍忽然折断；而在荒野里，是很难找到搭沟的木板的。因此，我选择拼命地跑过去，这样可能会累一些，时间长一些，但这样过沟心里有底、踏实。

这名学生是这样答的，也是这么做的。

他说："当兵前，我卖海米，同行的人夜里往海米里掺水，来增加海米的分量，赚取更多的钱。而我却将海米中的杂质去掉，干干爽爽地摆在案子上。用水浸过的海米，早晨是鲜亮的，买者众多。到了中午，就失去光泽成了一堆碎渣，没人再问津。而我的海米不管什么时候都鲜亮如初，开始卖得不多，后来供不应求，算起来，我赚得比他们要多得多。那段时间，我成了市场上最受欢迎的卖主。

"当兵后，我坚持用正步走好自己的每一步，从不敢投机。正是基于这一点，我由战士成为干部，由基层到了机关，由山区进了城市，担负的任务越来越重。虽然有时很累，却很舒心。我自知天生愚钝，与其寻找捷径，不如利用绞尽脑汁的那些时间，认真做点属于自己的事。

"身边的一些人在投机取巧中落马，在冒险激进中跌落，很年轻就背上了重重的处分和难以磨灭的黑印。当然，也有人在跳过沟的时候安全着陆，并且因为这一跳远远走在了我的前面，我却感觉不到丝毫的羡慕和气馁。还是那个答案，我绕过沟心里有底、踏实。"

人生的过程，就是做人做事的过程，还是脚踏实地凭自己的力量绕过沟去好。

踏踏实实做人，就要求你做事要有原则，不要做违背良心、背叛朋友的事。做人要有目标，要坚定不移地为自己的目标去努力去付出，遇到挫折不要气馁，不要盲目乐观，也不要妄自菲薄。做事要踏实，一步一个脚印，不要急于求成，要深入扎实，不要敷衍了事。待人要真诚，同时要分轻敌友，分清彼此。不做亏心事，不怕鬼叫门。只要真诚地去做了，就不要在乎一些流言蜚语。

人生感悟

　　小学教师给学生出的这道题，学生的答案丰富多彩。就像人生，每个人有每个人的活法，有各自的人生之路。他们都有自己的优点：奋力一跳的同学懂得拼搏；绾起裤角的同学注重实践；找木棍的同学善借外力；找木板的同学知道沟通的力量；从远处桥上通过的同学踏踏实实。想一想，你会怎么过河呢？

辑四
落笔成伤，只为谁

　　春的眷恋，只是花开一场；而夏的执着，却撑起了一世的荫凉；秋的等待，经历了落叶的轮回；冬的落泪，却只换来满目凄然。春夏秋冬，究竟要轮回多少年，才能把握住属于自己的幸福？而那片盛开的淡蓝色的忧伤，在重新绽放的阳光下，又能否不枉自己半世的守候？落笔成伤的思念，又为谁？

一张让人落泪的婚姻账单

时装的最高境界是性感，爱情的最高境界是宽容。能够正常运转的婚姻不仅意味着丈夫与妻子的互相迁就，而且意味着理想与现实的互相妥协。

多年以前那个风雨交加的夜晚，我众叛亲离，跟着深爱的你到深圳做了打工妹。贫穷的你落榜后除了生病的母亲、衰弱的父亲和那半间破瓦屋，就剩下我了。记得当初来深圳打工的路费用的也是我做一个月民办老师的工资。我所受的苦都是为了今生能与你长相守。

或许，我的眼光不错，你是很棒的。10年后的今天，当我家所有的人松了一口气，原谅我没嫁错郎的时候，有了车、有了别墅的你却在直言不讳地对我说，你找到了"心灵知音"，如果我愿意解除婚姻的话，财产、孩子都给我，否则你背叛我，我不能有怨言。

我笑了，说 3 天后给你答复。

3 天后，我开列了一张婚姻的清单给你过目：

1. 婚姻 10 年，你穿旧了 3 套睡衣，穿坏了 5 双拖鞋，踏破了 26 双皮鞋。破的皮鞋最多，因为你在外面挣钱所花的时间多，所以会有"心灵知音"看上成功的你。

2. 婚姻 10 年，我穿旧了 10 套睡衣，穿烂了 11 双拖鞋，踏坏了 18 双皮鞋。我破的拖鞋和皮鞋都多，是因为我照顾家和孩子的时间比你多，去外面和你并肩战斗的时间也不少，因此操劳的我成了没有新鲜感的"黄脸婆"。

3. 婚姻 10 年，常青树的你有如潜力股升值了 N 倍。离婚后，从深圳排到北京，那么多的美女等着"成功人士、成熟有品位"的你挑选。

4. 婚姻 10 年，青春快逝的我贬值了 1000 倍，实话实说，离婚了，我再婚的机会不到 1%，年老的我看不上和我年龄相近的男人，而除非太差。一般的男人是不愿意娶一个带着孩子的中年女人的。

5. 婚姻 10 年，繁忙的你只烧过 33 次饭给我吃。

6. 婚姻 10 年，忙碌的我一年 365 天，日日三餐，做好饭给你吃。

7. 婚姻 10 年，生一个孩子，我用了 10 个月，养、育、教了 10 年。

8. 婚姻 10 年，生一个孩子，你用了 10 分钟，给了他一个姓。

9. 婚姻 10 年，我和你父母和睦相处，没有一句高声的话语。

10. 婚姻 10 年，你一直不肯原谅爱女心切的我的父母，没有叫过一声爸爸妈妈。贫穷时你说我爸爸妈妈不会应答你，你坚决不肯叫；有钱后说不再怕他们了而不叫。难道你愿意自己的女儿在能够选择的时候去选择贫穷吗？希望女儿富足，这是人之常情呀！

亲爱的，如果你看了上面的婚姻总结，能够用眼睛看着我说离婚的话，我成全你的心愿。你什么时间跟我说都可以，我答应和你离婚。

只是，我等了你一年，你都没有再提离婚这件事。变得早回家、勤炒菜、会拖地的你不是将功赎罪吧？或许，因为，有良心的人居多，所以这世界上还是房子比监狱多！

人生感悟

　　婚姻并不是要束缚或奴役对方，婚姻只是一种伴侣关系，夫妻之间要相互鼓励。有些人误解婚姻的真义，才会导致婚姻出问题。当你们遇到这种情况时，就要懂得体谅，尽量跟对方讲道理，只有在历经多次的努力和沟通都无效之后，为了你本身的修行及安全着想，才必须考虑一个最适合你们双方的解决途径。

不要在寂寞的时候说爱我

夜深人静的时候，几乎天天听这首熟悉的曲子。郑源的歌声一遍遍回荡在耳边，我的心也一阵阵在寂寞中挣扎。把此曲轻轻地聆听，轻轻地捧起，穿越时空而无尽的思索在起舞、思念在流动。

寂寞是女人最大的毒草，就像是那条诱惑夏娃偷吃禁果的蛇，在没有爱人的深夜里，寂寞会不断地吞噬着女人脆弱的心，让女人在泪水中悼念逝去的爱情。这时，任何一个在她身边出现的男人，只要用感性而心疼地声音轻轻地说出那个致命的咒语"我爱你"，傻傻的女人就会满心感激，以为找到了命定的男人而忘了以前的痛，像飞蛾扑火般义无反顾地跳进另一个男人设下的温柔陷阱中。

微风在窗外吹过，虽然寒冬已过，但春风中还是带来了一点点的寒意。外面的世界真的好热闹，笙歌夜舞的，可热闹是他们的，我什么都没有，只有寂寞包围着我。

遇见你，我觉得很快乐，因为你很关心我，给我很大的照顾；而且你还很幽默，总是在我不开心的时候说一些话来逗我开心。让我暂时地忘记了自己是最寂寞的，因为有你的陪伴，快乐好像也再次回到我身边。

可你的一句话让我不知所措。那一天，忽然很想跟你聊天，很想听你说说话。因此我拨通了你的电话。一开始我们还是像以往一样天南地北地聊了起来，有些忘乎所以。可在我们聊得最开心的时候，你忽然冒出了一句：我喜欢你，不，我想我已经爱上你了。当时我还以为你在开玩笑也就跟着你一起开起了玩笑。可你却说，你是很认真的，真的是爱上我了，希望我好好地考虑考虑。

那时我一下子就懵了，不知道该怎么回答你。当时也不知道自己说了些什么，也不知道最后是怎么挂的电话，总之你的话，让我一直平静的心再次泛起了涟漪。

你或许看到，或许也已经感觉到了。从那时起，我们再也不能像以往那样无拘无束地聊天了。虽然还是笑声不断，可是很多时候我都是沉默冷场，这是以前从未有出现过的现象呀！

其实，说真的，你也是一个不错的人。我也没有说不喜欢你，其实我的心里一直都对你有种特别的感觉，但不是你所要的那感觉。虽然跟你在一起很舒服、很开心，但我无法给你任何的承诺。

也是因为你是在我寂寞时出现的，我不知道我到底把你当成什么了，是把你当成是一个排解寂寞的开心果，还是彼此的一时冲动呢？我不知道。

我想，我们彼此都要冷静下来好好地清醒清醒，理清自己对彼此的感情，那样也是对彼此负责吧！

其实，你不该在我寂寞的时候说爱我，除非你真能给予我快乐！不要在我哭泣的时候说爱我，除非你真的可以让我不难过！在寂寞的时候说爱我，会影响到我的判断力，也许我会想，反正自己现在是孤身一人，就算是接受你又何妨，有个人愿意照顾自己不也很好吗。

可是，我不愿意这样，因为不想以后彼此受到伤害。也不想彼此怨恨！

不要在我寂寞的时候说爱我，好吗？不要！

人生感悟

女人，别轻易去相信那个在你寂寞时说爱你的男人，你要相信茶凉则无味，酒醉则耐品，真正的好男人就如醇酒，相处越久越能品出他的好，那种轻易就说爱的男人的爱情就像是一杯茶，刚刚冲泡的时候香气诱人，如果想放着慢慢喝就会变得冷而无味。

相爱，不是简单的一句承诺

那时他们刚刚考上大学，他是从偏远农村出来的孩子，她也是。当他们被嘲笑是乡下人时，他们总是会相互安慰，久了，两颗心就近了。

和所有小恋人一样，他们一起打饭，一起逛公园，钱不多，大多时候，她和他要泡在图书馆里，写写小纸条。人虽然穷，爱情世界里的光芒却是一样的。他和她，就那样自然而然地爱了。

因为都穷，所以和别的恋人比起来，少了电影院里的亲密拥抱，少了情人间的神秘礼物。他极少给她买东西。有一次，她看上一副红手套，10块钱，他摸了摸兜里，只有7块，于是只好尴尬地笑笑。后来，她买毛线织了二副，都是红手套。值吧？他把她搂在怀里，发誓要对她好一辈子。

大三时，他们出去打工，情况好一些，因为做家教，他有了一点钱。这次，他用自己两个月的薪水为她买了一条项链。因为有一次逛商店时，她盯了那条项链好久。当时他就说，我有钱了会买给你。那是条银的链子，非常精美的做工，戴在她的脖子上真的好美。她不是一个特别好看的女孩子，可是有这条项链后显的别样美丽。不久正好是她的生日。作为生日礼物他送给了她，而她说，我也有一样礼物送给你。

她送给他的，是她的第一次。那天，在一具简陋的小旅馆里。她和他，缠绵得那么动情。他说，我会一辈子对你好的，让我们相爱一辈子吧，不论何时何地，不论谁将来有多大能耐，好不好？一辈子，我们不分开。她把自己的身体蜷进他的身体里，泪流满面。她相信这个男人会对他好的。

两个月后，她恶心呕吐……她怀孕了。这是件可怕的事情，她找他商量。怎么办？做掉吧，他说，我们还是学生。校方知道了会开除我们的，我们明年就毕业了，不要冒这个风险。不！她执拗地说，我要这个孩子。因为这是我和你的孩子，因为我爱他，我一定要他。

一个月后，她办了因病休学手续，然后带着肚子回了家乡。他几乎每天写信问她的情况，到他大学毕业时，孩子出生了，是一个男孩。

　　她没有再回来上学，而他留在了大城市上海，本来他可以回山区的，因为她在那里等他。她没有告诉家里人，她一个人带着孩子，给一个小公司打工，挣的钱仅能果腹，她在等他毕业，然后一起过日子，可是他没回来。他说上海机会多，等有钱，我会接你和孩子出来的。

　　这个诺言，他没有实现。

　　实际的情况是，他只回家看过她一次，发现她变得难以入眼，碎乱的头发，眼角有没来得及擦拭的眼屎，穿的衣服极邋遢，上面还有奶渍。小孩子乱哭着，和衣冠楚楚的他相比，她就是一个还没有走出大山的女人。他一阵阵地害怕，真的还要她吗？真的还带她走吗？

　　她还是那样依赖他，问他在上海怎么样了？他说混得不好，你再等等。他是撒谎了的，那时，他已经是一个部门的经理主管了，月薪可以拿到七八千了，而她只有几百块钱。临走时，还拿一千块给他，说，你在上海开支大，拿着拿着。他的眼泪要决堤，知道自己负了这个妇人，上了火车，他打开那纸包，是散乱的一千块钱，大概是她凑了好多零钱才凑够的原因吧。

　　而他却骗了她，他决定，用钱来还。

　　不久，他给她寄去两万块，写了一封信，他只说，我太忙了，可能先结不了婚。那时，他还不好意思直接说分手。她不久就把钱寄回去，她说，真对不起，我没有等到你，我结婚了，说好要相爱一辈子的，可我结婚了。

他哭了，她是多懂事的一个女人啊！为了他，她才结婚啊！她把自由还给了他，他没有勇气回家乡看她一趟。他想，从此，各自奔前程吧，也许她现在的老公会比自己更适合她。

那时，他身边有美丽时尚的女子爱他，因为她的离开，他决定重新开始他的爱情，更何况这女孩子家里有权有势，对他极有帮助。不久，他和女孩子远渡重洋出国留学，在美国开了自己的公司，他有了太多钱，他有了别墅和私家车，这些他和她当年梦想的一切都有了。他知道自己是一个坏男人，太坏了，所以他选择"五一"后回国，在她的家乡投资一个公司，他准备帮助她。

而她那时是家乡一所中学的老师，快40了，有了斑白的头发，人有些微胖，浮肿的眼睛因为过度劳累显得极其无神。见面的刹那，他们愣了很久。岁月给她增加的是沧海桑田，给他增加的却是成熟的魅力。

他看到了他们的孩子，一个17岁的大小伙子，如他的翻版，已经保送到北大，想说谢谢，可觉得语言那么单，他想说对不起，却觉得自己没这个资格。在简陋的办公室里待了好久，他才敢问一句，你爱人做什么工作的？

她笑了笑，嘴角的皱纹动了一下静静地说："我，一直没有结婚"。

刹时间，他从椅子上起来，眼泪猝不及防地落下来，心里洪水决了堤，她一直在等他，一直这样痴情地等待。

你傻呀，他骂到，她眼睛中是泪，人有些发抖，你说过要相爱一辈子，我认为它是真的，你说过的，他蒙住脸，然后缓缓跪下。在爱情上，他不如这个女人，他不懂什么叫一诺千金。此时，他不能再和她在一起，可是他知道，她是他心里的一颗珍珠，价值倾城。在他回美国的飞机上，他打开一个包是她送的，里面是两副红手套，已经旧了，掉了色，脱了棉线，他试图把手伸进去，刚一伸，线就断了，真是老了，年头太多了，有什么可以忘记，可以永远？只有她，她纯净的眼神一如当年，说那句想爱一辈子时，仍然动人。

原来，相爱一辈子，不是一句简单的话，那是要用一生来完成的。用自己的心自己的爱，可是他没有做到，他知道这一辈子，他不只是对不起她，他是对不起爱情了。

人生感悟

看似平淡如水的生活，背后却藏着绝世的真情。看似一个普通的药方，却隐藏着一世的总结。

人的一生会经历许许多多的事情，有欢喜也有磨难，在写满难题的生活中，能够有一个对的人走进你的人生，与你相濡以沫互相慰藉，这是一种缘分和温存，因此，要用自己的心去爱这个对的人。

错过，是因为不爱

　　程然是在叶静思正享受着被追求的乐趣时，突然撤梯的。攻势那么猛，送花、约会、大老远跑到静思的老家去采一把她想吃的野菜，就是铁石心肠的女孩也会答应下来。

　　叶静思当然不是铁石心肠。她早就想答应了，只不过，她想略略矜持一下，找个合适的机会。轻易得手，男人会不珍惜。

　　可是，静思这还拿捏着分寸，做傲慢与偏见状，那边煮熟的鸭子飞了。没了花儿，没了电话，甚至 MSN 里面程然的头像都是黑的。

　　女人是沉不住气的，静思一遍遍在心里反省自己的态度，是不是过于冷淡让程然看不到希望了？不会呀，上个星期不还手工拼了一只壁挂送给他吗？女孩子亲手缝的礼物，在这时代是多难得的啊！程然不也是这样说的吗？

　　静思深呼吸了一下，电话打了过去。口气是冷淡的，他说，哦，最近忙，我们再联络。

　　放下电话，静思的心里空了一半。她很想问问怎么了，可是怎么问呢，两个人并没有什么特殊的关系，现在也不过是一样，你急急地问是什么意思呢？

宋唯在网上，静思百无聊赖，想起她前一段应聘来着，便问了一句，她说："还顺利，找到了工作。"再无话。

临下班时，静思还是没忍住，给程然发了个短信：有什么事吗？手机一直寂寂无声。直到晚上，静思洗完澡出来，一条短信趴在了她的手机里。

他说：我想我们还不是很了解，之前让你误会，不好意思。

静思呆呆地坐在床沿，无缘无故遭遇退票，胸口像被人敲了一闷棍。吃了哑巴亏，怎么说出口呢？能去骂程然一句：你招惹我，我爱上你，你却跑了，有这么玩人的吗？能吗？

叶静思是婉约风格，她做不出。做不出，就只好不了了之。

这种人太可恨了，他让你相信你是根葱，可真要炒菜炝锅时，他却没有用你。

夏天来时，叶静思一个人去看了陈奕迅的演唱会，听陈奕迅唱：《愿意》，用一支黑色的铅笔，画一出沉默的舞台剧，灯光再亮也抱住你……静思泪流满面。

旁边有个大男孩莫名其妙地看静思，嘟囔了一句，掏出纸巾递给静思。

程然喜欢陈奕迅，静思从前不喜欢，不喜欢男人那么搞怪，不喜欢他夸张的笑脸，还有总也站不稳的样子。于是，程然把耳塞放进静思的耳朵里，就是这首《明年今日》。静思听了，慢慢喜欢上，从前讨厌的便成了真性情。人就是这样，喜欢了，就怎么样都好了。

分开那么久，叶静思还是会想那次突如其来的切割。不能叫分手，因为两人从没确立过恋人关系。不过是一个追，一个抿着嘴微笑。心里有，眼里有，口里没有。差了口里这一句应诺，他抽身而去，连个解释都不需要。

悬案悬而未决，静思生了一场病。一个人生病，一个人吃药，一个人慢慢好起来。好起来时，她身边站了个大男孩，就是演唱会递她纸巾的那个，他叫江则宁，他说：你真特别，看陈奕迅都会哭。静思微微地笑了笑。

江则宁在附近的大学里做助教，每天背着大背包骑着自行车匆匆忙忙。江则宁会讲网上流行的段子，会找来稀奇古怪的小东西逗静思笑。他说：你笑起来好看，小酒窝能迷死人。他就唱林俊杰和阿Sa的《小酒窝》，江则宁喜欢林俊杰。

某一个中午，他们坐在公园的长凳上，静思抱住江则宁，阳光穿过柳树的缝隙落到他们身上，暖暖地，静思问：喜欢我吗？

这断不是静思能说出来的话，但是她说了。哪怕只是一时的陪伴，哪怕只是贪恋一点点温暖，她都不愿意放弃。

江则宁几乎立刻就点了头。叶静思长长地舒了口气，这样说了，将来即使分手，他也要给她一个交代了吧？

爱情这回事没那么复杂，一个人退场了，另一个补上来，依旧是从前的戏码，并没有多少不快乐。没有人看到静思心里的挣扎，也没有人看到静思脸上的悲伤，静水无波，一切仿佛从未发生过。

逛街时遇到宋唯，聊了几句，她居然在程然的公司上班了，她说：你跟程然不是有点意思吗，后来怎么不了了之了？

叶静思的目光移向大幅广告牌，她说：我去看看那款手机，他生日快到了。

还能说什么呢？不是还有多爱，只是有些不甘心罢了。

公司有些业务要与程然公司接洽。于是，静思跟程然坐在了日落莲花茶室的一角。这里他们从前来过。离静思的公司近，他说可以省得美女受日晒之苦。他细微处的体贴总是让女孩们念念不忘！

谈完正经事，静思说：我有个朋友在你公司做事，宋唯，她还好吗？

程然抬起头，看了静思一眼，说："嗯，还好！当初她来应聘，跟我说了你呢！"

静思一愣，打着她的旗号去应聘的，宋唯怎么没提。

程然后面的话让静思更差点把一口茶喷出来。他说："后来，她给我看了她跟你和你先生的照片……那时我还……"

叶静思努力让自己的脑子快速转起来，我跟我先生？

静思的眼睛变成了利剑：你觉得我欺骗了你？然后你就断了我们的联系？

她的声音抖得厉害，如果我今天告诉你我没有先生，你会怎么想呢？

静思起身抓起包往外走。

风很大，她的头发被撕扯得很乱。她翻手机里的电话簿，怎么也找不到宋唯的电话。

还是找到共同的朋友约了宋唯出来。叶静思很想一杯水泼到她的脸上。但是她忍住了。她问："为什么破坏我跟程然？"

宋唯拿出了一根烟，手有些抖。她说："静思，也许你不记得了，某一晚，我跟你说过我的那些事。我害怕你跟程然说，你也知道现在经济不景气，工作不好找，所以，我先下手为强。其实，我只是不经意把那照片给程然看了一下……"

叶静思的脑子轰地炸开了。宋唯的那些事儿？什么事儿？

哦，想起来了，宋唯在原来那家公司业绩突出，本来有机会升职，可不想来了裙带关系，宋唯只能给新人继续当牛做马。宋唯不忿，先出卖了公司秘密，后拉上司下水……宋唯打包从广州来深圳，希望重新做人。女人总是守不住秘密的，某一天晚上，把这些事通通倒给静思，女人都是八卦的，恋爱中的女人什么不会跟男人说啊！万一你说了，程然会用我这种人吗？退一万步讲，程然肯用，你会让拉上司下水的女人待在程然身边吗？

叶静思一脚深一脚浅地走回家。一句话不说躺倒在床上，手脚冰冷。

电话响了很久。静思才起身接。她说："小宁，我想吃碗热米线，越热越好。"

门铃响了，拉开门，进来的居然是程然。他提着米线的袋子。静思愣在那儿，原来刚才那电话是他打来的。

程然放下米线，紧紧地把静思抱在怀里。他哽咽着说：对不起，静思，我们可以重新开始。

真的可以重新开始吗？从静思知道宋唯从中作梗后就在想这件事。耳朵宛若贝壳，想听什么我们做不了主，但是，相信什么，或者听到了，去求证一下，我们完全能够做得到。错过，是因为爱得不够。爱情是不能三思的，三思的结果只能是放弃。

静思拍了拍他的肩膀，说："或者，就是没有宋唯，我们也会有分手的那一天。"

电话响了，江则宁叫静思赶紧打扮一下，他带她去看林俊杰演唱会，他在电话那边还嚷：我生日了，你给我准备什么了啊？

静思不会再为一个男人用布拼一幅壁挂，那样的迷恋与小心思一生只能有一次。她给江则宁买了一款新手机，她想告诉他，无论听到什么话，都要讲给她听，不要听信耳朵，嘴除了接吻，还可以沟通……

人生感悟

每个人的生命里，都会遇到不少人，各种性格，各种不同的人，有几个是你的知音呢？有几个是深爱自己的人？又有几个是你深爱的呢？与其众里寻求千百度，不如疼惜眼前人。

为了一个美丽的约定

命运是如此的残酷，它让两朵朝气蓬勃的花蕾还未来得及绽放，他们的青春与活力就要过早地凋谢了；而命运又是仁慈的，它让两颗已经濒临绝望的心重新燃起了希望的火花。

在一个阳光明媚的下午，男孩和女孩在医院的走廊上相遇了，在四目相接触的那一刹那，两颗年轻的心灵都被震撼了，他们都从彼此的眼睛中读出了那份悲凉。也许是同病相怜的缘故吧，到了傍晚，他俩已成了仿佛相识多年的老朋友。从此以后，男孩和女孩相伴度过了一个又一个日出日落。昼夜晨昏，两人都不再感觉孤独而无助了。

终于有一天，男孩和女孩被告知他们的病情已到了无法医治的地步。男孩和女孩被接回了各自的家，他们的病情一天比一天严重起来，但男孩和女孩谁也没有忘记他们之间曾有过一个约定，他们唯有祝福。那每一字每一句对他们来说都是一种莫大的鼓舞。

就这样，日子过得飞快。转眼已经过了3个月了，在3个月后的一个下午，女孩手中握着男孩的来信，安详地合上了眼，嘴角边带着一抹淡淡的微笑。她的母亲在她的身边静静地哭了，她默默地拿过男孩的信，一行行有力的字跃入了眼帘："……当命运捉弄你的时候，不要害怕，不要彷徨。因为还有我，还有很多关心你，爱你的人在你身边，我们都会帮助你，保护你，你绝不是孤单一人……"女孩的母亲拿信的手颤抖了，信纸在她的手中一点点润湿了。

女孩就这么走了，她走后的第二天，母亲在女孩的抽屉中发现了一叠写好但尚未寄出的信，最上面一封写的是"妈妈收"。女孩的母亲疑惑地拆开了信，是熟悉的女儿的字迹，上面写道："妈妈，当您看到这封信的时候，也许我已经离开您了，但我还有一个心愿没有完成。我和一个男孩有一个约定，我答应他要与他共同度过人生的最后旅程，可我知道也许我无法履行我的诺言了。所以，在我走了之后，请您替我将这些信陆续寄给他，让他以为我还坚强地活着，相信这些信能多给他一些活下去的信心……女儿"。望着女儿努力写的遗言，母亲的眼眶再一次湿润了，她觉得有一种力量在促使她要去见一见这个男孩，是的，她要去见他。她要告诉他有这么一个女孩要他好好活下去。

女孩的母亲拿着女儿的信按信封上的地址找到了男孩的家。她看到了桌子正中镶嵌的黑色镜框中的照片是一个生机勃勃的男孩。女孩的母亲怔住了，当她转眼向那位开门的妇人望去时，那位母亲早已泪流满脸。她缓缓地拿起桌上的一叠信，哽咽地说："这是我儿子留下的，他一个月前就已经走了，但他说，还有一个与他相同命运的女孩在等着他的信，等着他的鼓舞，所以，这一个月来，是我代他发出了那些信……"说到这儿，男孩的母亲已泣不成声。这时女孩的母亲走了过去，紧紧地抱住了另一位母亲，喃喃地念道："为了一个美丽的约定……"

人生感悟

　　爱上一个人其实很简单，只需一秒的时间就会有心动的感觉，但去爱又是一个很难履行的说词，这需要将真心转化成行动，就像一个约定，如果如约而至，将美丽兑现，那便是最美的爱情。

你爱的，只是我爱你的感觉

　　他跟她在一起 3 年，她精心呵护着他的一切，甚至每天他的牙膏都是她为他挤好，皮鞋必定是她晚上帮他擦好，只有一点，她几乎从不下厨，即便是下厨也是从超市买速冻食品，吃起来索然无味。于是，渐渐地他练就了一手好的厨艺，因为他看到她吃自己做的菜，一副享受的表情，他就觉得很幸福。

　　后来为了有更好的发展，他开始了拼命地打拼，然而，每当他一身疲惫地回来，等待他的永远是一碗白米粥。看着她纯净的眼睛，到嘴边的话，他又咽了下去。

　　终于有一天，他的母亲要来看他们，其实是看她这个准儿媳，指明了要吃一顿她做的饭。她请求他：你能不能留下来，帮我做这顿饭？

他低下头，公司有个重要的合同，假如顺利签订了，他们就可以有自己的小窝了。其实，他的皮包里已经装着新房的钥匙，他是想给她一个长大的机会，然后他的母亲才能放心地把自己交给她。他是家里的独子，他必须要让母亲知道，他娶了一个爱他的女人，即便不善厨艺，也愿意为他做饭。

他看到她眼里一闪而过的失望与破碎的惊慌，终于狠下心走了出去。

然而，等他下班回来，看到的却是冰锅冷灶，还有母亲阴沉的脸。她看到他回来，迎上去说："亲爱的，你先洗洗，我们出去吃饭，我已经订好座位了。"

他强忍着不满，沉默着走进卫生间，很长时间没有出来。他心里既愤怒又委屈，平时都是他做给她吃，今天母亲来了，哪怕她只表现一下，也应该亲自去做呀，这也好让他对母亲有个交代。

果然，饭桌上母亲态度鲜明地表示对她的不满，他在一旁如坐针毡，抬眼看她，却发现她一脸坦然地将那盘最咸的咸菜吃了个精光。

母亲终于忍不住了，将筷子一扔，拂袖而去。他脸色尴尬，追了出去。

在他甩手关上门的瞬间，她趴在桌上，瘦削的肩膀剧烈地抖动。

他们终于还是分手了。但是，他再没有遇到像她那样对自己好的女子。他心里明白，她的那些好，宠坏了自己，让别的女人再难入他的眼。

在陌生的城市陌生的街头，他们就那样猝不及防地再度相遇了。在咖啡厅里，他意外地发现，她居然一脸淡然地喝那种苦涩的黑咖啡，如同无味的白开水。

一瞬间，一道电光石火在他脑袋里炸开，他颤抖着问她：你没有味觉？

她一愣，手里的咖啡荡了出来。你终于发现了？

他紧紧地握住她的手，手心却被一件硬物硌得生疼，低头一看，是一枚刺眼的钻戒戴在她手上。

他的心开始痛，想到那些曾经的日子。那时，他们才从学校毕业，没有任何积蓄。冬夜里，她总是等他熟睡后，起身洗他的衣服，然后在炉子上慢慢地烘干。一双手长满了丑陋的冻疮，让她难受得龇牙咧嘴。他想起，他做的第一顿饭，她吃得一脸平静。

而整整三年，他却对她的种种异常，视而不见，连她没有味觉，都不知道。他却因为，她没有单独为母亲做一顿饭而放弃了她。

她告诉他，现在的他，在遇到她的第一个月，就发现她的味觉不正常，于是她放心地告诉他，自己在8岁那年，生过一场大病。

他虚弱地说，我也是爱你的。

她对他笑笑，不，你爱的，只是我爱你的感觉。爱一个人，必定有着贴肤的温暖与疼痛，而你，竟然感觉不到。

他们在最近的时候，本该心无间隙的时候，也是咫尺天涯的距离。所幸，她醒悟得还不晚，还有机会去寻找自己的那一份贴心的暖。

人生感悟

得不到的，未必是最好的，失去的也不尽是最宝贵的；现在拥有的，未必是你梦寐以求的，可它却是真真切切属于你的。有很多人错爱一个人苦苦执着不肯放手，其实在痛苦的同时，也是将自己束缚在了一个圈子中无法挣脱，去寻找新的幸福。

选个爱你的人结婚

如果你站在婚姻这个人生的十字路口，选一个真正爱自己的人结婚，这很重要。如果你爱一个不爱你的人，并准备与他结婚，这是相当危险的。

淡茹现在知道她嫁错人了，因为她嫁了一个她爱的男人。虽然男人嘴上也说爱她，可是行动上却一点表示也没有。

淡茹在怀孕9个月时得了急性胃炎，又是吐又是拉的。早上淡茹去看病，从医院回到家，一点东西没吃就上床躺下了。到中午这个男人回来了也没说自己做饭，只是问淡茹想吃什么？当淡茹说想吃点稀饭时，他说他不会煮也不知道该放多少水、放多少米，淡茹只好说不想吃了。没多久，他又回来，说他爸要过来吃饭，淡茹不得不起来煮饭，而这个男人陪着他爸在聊天。

淡茹无限感慨地说："如果还有下辈子，我一定嫁一个真心爱我的男人，最起码他会真心疼我。以前我以为，嫁一个我爱的男人一定很幸福，因为我爱他。可是我却没想过，一个只是在嘴上说爱我的男人，心里不一定是真的爱我，从日常的表现就知道了。"

其实，每一个女人身边，都有一个真正爱你的男人，只有这个真正爱你的男人，才会宠你疼你。一个深爱你的人会为你而改变。因为爱你，他收起他的顽固脾气；因为爱你，他会无怨无悔地为你付出。也许你还不曾发现，这个人一直守护在你身边，舍不得让你受一点伤害。这个人，也许不会说许多爱你的话，却会做许多爱你的事。如果你身边有这样的人的话，请你好好珍惜。

人生感悟

　　人生的花圃，不一定要有满园的玫瑰，才会色彩缤纷，处处飘香。要知道，这个世上并没有什么绝对好或不好的人，适合你的人，才是你要的人。如果你真的要结婚，就请你挽住一个真正爱你的人的手臂。

我决定放弃爱你

十年，我只做了两件事，爱他和等他爱。

圣诞夜，我给他发短信，要他对一个叫乔的女孩子好，经常请她吃饭，给她买花，陪着她，把自己罪恶的钱都给她。

我就是乔。他是我 16 岁就认识的男人。

上大学前，我去找过他，很严肃地跟他说："你等我好吗？4 年后我嫁给你。"他叹着气，说："乔，你太小，不是我不等，只是要等太久的，多半不属于自己。"

他果真迅速娶了妻，婚礼很气派。他和新娘都显得很华丽，像一对用来表演戏剧的道具。

他结婚那天，我跑去植物园，种了一棵树。我相信只要树活着，总有一天会有很多叶子围成绿荫，我也相信只要我活着，总有一天会和他在一起，我从来没有放弃爱他。

我的树很快成活，10 年后，我的爱情也活了，他开始对我说爱，然而有着生的情感的我们，此际面对他死的婚姻，惟有偷情。

去年生日，他带我去太阳湾潜水。太阳湾很远，似乎只剩下我和他，一个男人和一个女人，手握手潜到水深 12 米处。那里的海是灰蓝色，烟一般微微荡漾。有光缭绕在指尖上，白得耀眼，如同海底最忠贞的珊瑚。在一个一闪一闪的绿海葵旁边，我捡到一粒贝壳，放进我们蚌一样合在一起的手心里，紧紧握住，不敢松手。这一生也只有和他，才会这样握住就不敢松手。

上岸后我发现，那粒薄薄小贝壳竟然很锋利，在我手上划出几条细碎的伤口，和掌管命运的手纹混在一起，乱七八糟地疼。

他请我吃饭，点了一条 10 岁的白鱼。鱼眼睛很黑很圆，像一粒简单的种子。忽然不忍心动筷，想起我遇见他也有 10 年。10 年只做了两件事：爱他和等他爱。现在看来一切如常，但已完全改变了。

从太阳湾回来，我一直想离开他，因为我一直离不开他。

仍然和他背着人相见，联络方式从打电话变为发短信。他收到我的短信总会很快回复，他说：我要对乔好，我的钱都是罪恶的。第二天他就给我一个大信封，里面装满他罪恶的钱。他让我自己去买件新年礼物，然后等他来。

我去了最贵的商场，买下那里最贵的一双鞋子，穿着它没走多久就累了，找个地方坐下等他。我忽然觉得自己瘦了。被很凉的夜风一阵阵掠过，我终于知道不能再等下去。他说过：要等得太久的，多半不属于自己。如同这双等他的鞋子，代价昂贵，却始终走不远。

人生感悟

　　如果你爱的人放弃了你，请不要伤心，有的东西你再喜欢也不会属于你的，有的东西你再留恋也注定要放弃的，人生中有许多种爱，但别让爱成为一种伤害。有些缘分是注定要失去的，有些缘分是永远都不会有好结果的，爱一个人不一定要拥有，但拥有一个人就一定要好好地去珍惜。

那一场，致命的爱

　　昏暗的灯光下，独自坐在电脑前，听着 First love，流着泪，记录那一段爱情故事。

　　宇是在微的 17 岁生日的时候认识她的。微的同学强是宇的好朋友，强把宇介绍给微认识。

　　缘分，让宇和微走到了一起……

　　回学校的那段日子，宇天天都会给微发、短信。关心，问候，谁都看的出来，宇爱上微了。终于，他们在一起了，微是第一次交男朋友。微说，你以前有过女朋友吗？宇回答，有啊，但是都是好玩的。微很失望，但是，她爱宇，比宇爱她更爱。不知道为什么，微第一次陷进去了。她相信，自己会改变宇，宇也说，会为了微改变，不抽烟、不打架。

微平常很听话，成绩也很好，所以，爸爸、妈妈、老师都很喜欢她。

宇和微只有每个周六、周日能见面，平时他们都要上课，宇在西边，微在东边。

周日，好热的天气。宇说："微，来我叔叔家吃西瓜吧，我叔叔家种了好多西瓜，你想吃哪个吃哪个。"微答应了。

那天，微把她第一次给了宇。微说："好痛。"宇说："乖，我会好好爱你的。"微忍不住，问了一句，宇，这是你的第一次吗？宇说，当然了，你以为呢？呵呵？微安心地躺在宇怀里，暗暗发誓要和宇在一起一辈子。

时间过得很快，宇即将毕业，他想去参军，去西藏，于是告诉微：等他3年，他会回来娶她，以后让她过好日子。可宇不知道，微的心好痛，微只想宇在她身边，微只想看着他，不想他去那么远的地方。看着宇那么高兴，微强装微笑，鼓励着宇，微说："要每个星期给我写信，不然，我会找到西藏去的！"宇抱着微，两个人哭在一起。

谁知道，事情总有不顺利的时候。因为乙肝的原因，宇没通过健康体检，去不了。微该很高兴的，可是看着宇不高兴，微很心疼，抚摸着宇的脸开玩笑地说："陪在我身边不好么？我就想你在我身边！"宇淡淡地笑了，捏了一下微的脸蛋。

宇去了成都，学开挖掘机。微和宇只能每天每夜的思念，每天每夜用电话听彼此的声音。一次周末，微实在是想宇了，第一次撒那么大的谎给妈妈说："妈妈，我有同学过生日，在成都，很久没见面了，所以我一定要去。"微的妈妈给了微几百块钱，微去了成都。见到宇的时候，微好想哭，因为宇好像瘦了，但是看到宇那么高兴，微又好开心，宇带微去逛街，两个人好高兴的在一起待了一天，微就回家了。走的时候，宇对微说："毕业了到成都来吧，我们在一起，我会照顾你。"坐在回家的车上，微做了个决定，过完这个年就去成都，和宇一直在一起。

2008 年，又是一年春天。

宇回来了，是回来接微的。因为微晕车，又有那么多行李，宇怕微搬不动，刚过完年微就很舍不得地离开了妈妈爸爸，和宇一起，坐汽车去了成都。宇把微带到他租的房子里，帮微整理好衣服，宇的哥哥和姐姐做好饭，叫他们吃，那一刻，微觉得她找到了幸福，属于她的幸福。

不久，微也开始工作了。

2 月，微的生日到了，宇给微过生日，宇做了好多菜，不让微插手，说："你是寿星，别管了哦！"来帮微过生日的朋友都说："好羡慕你们两个。"

接下来的日子，宇常常上通宵的班，很辛苦，有的时候半夜两点还赶回家，因为宇说过，微，不管多晚，我都不会让你一个人在家忍受寂寞。微哭了，宇就用嘴巴不停地吻微的眼睛，轻轻拍微的背。说，乖，我答应你的都会做到的。

宝宝，来的不是时候。

这段时间，微感觉不是很舒服，一直反胃，又特别喜欢吃酸的，甜的。微告诉宇，说："宇，怎么办，我们肯定是有小宝宝了。"宇很吃惊，不知道是高兴还是难过，但是宇还是给微买了好多微这时候想吃的东西。为了确认，晚上洗澡的时候，宇给微买了张试纸，微祈祷自己没有宝宝，因为微不想做不负责任的妈妈。但是，试纸显示阳性，微好难受，好难受。

冬天，好像一直都在。

宇问了家医院，准备什么时候带微去拿掉宝宝，微是舍不得的。宇叫微辞掉了工作，在家呆着。宇每天都要工作，微每天一个人，在家闷得好难受，一会哭，一会睡着，一会又醒，醒了就想找宇。可是，宇要上班，微承受很多，微快要死掉了，宇不知道。因为每次宇回来的时候，微都好高兴，根本不想责怪他，只想靠在宇的肩膀上，那么踏实。

宇一直都没有休息的时间，又是一整天的工作，微觉得不能再拖下去了，拼命地打电话给宇，叫他回来陪她一起去医院。可宇说："叫小莹陪你去吧，我实在是走不开。"那一刻，微的心碎了，几乎是吼着叫宇回来的。宇回来的时候，一直不理微，不和微说话，就连等车去医院的时候都站得远远的。微靠在街道边的树上，泪一直流，微在想：宇，我的幸福不是你吗？失去宝宝后就要失去你吗？你，难道不心疼这个宝宝吗？

等了好久，一直没车，宇叫了个摩托车，微坐在后面。她在想，宇难道真的不在乎她吗？为了宇，微可以忍受这么多，可宇在微打掉宝宝之前连一句安慰的话都没有。微坐在摩托车后面，风肆无忌惮地吹着微。微清醒了，自己一直在争取和维持的幸福原来不过如此，甚至在微进手术室之前连一句鼓励的话都没有。宇不知道微在进手术室的时候有多害怕，有多害怕。

微醒的时候，宇在微旁边流泪。就算是这样，微还是很心疼宇，叫宇不哭，宝宝没有了。微觉得很冷，这个冬天，来得好早。走出医院的时候碰见医生，微以为宇会问医生微回家后要注意些什么，可是宇没有。是微自己问的，当时微在想，医生们会怎样看我，有这样一个宇。

没有宝宝的第三天，微离开了宇那里，去了另一个地方上班，微想忘掉这一段。上班，很开心，同事们很照顾微，而后，微遇到了瑞。瑞是微单位的经理，属于很容易谈心的一类，单位上很多姐妹都喜欢和他交谈，包括保洁大姐，当然，也包括微。和瑞很熟以后，微把她和宇的故事告诉了瑞，瑞很吃惊，觉得微很坚强，很值得同情，也很值得珍惜。

地震，以为可以挽回。

5月12日，微跟宇在一起上网。下午一点多，微和宇吵架了。宇独自一人回了家，微总觉得有什么不放心，跟着后面回了家。正在吵的时候，窗户、墙壁、所有东西都摇了起来，微吓哭了，跑到宇怀里，宇说，乖，不怕。结果越摇越厉害，宇大声说地震了，叫微快跑下楼去，微条件反射地跑了出去。但是刚跑到门口的时候，她停了下来，她不能不等宇，宇还在穿鞋子，宇仍然是她的全部，宇穿好鞋，他们一起跑下了楼。地，仍然晃得好厉害。

地震的晚上，微和宇一起去买了布，找了块很多人都在那搭棚子睡觉的空地，搭起了棚子。宇说去买东西来给微吃，微说不，微害怕一个人，好害怕。微就那样睡在宇肩膀上一晚，感觉仍然很踏实，很安全。

梦，让一切破碎。

回到单位上，每晚，微都会做同样的梦，好可爱的宝宝叫微妈妈，但是瞬间又消失，微一次次在梦中哭泣，一次次哭醒。微要彻底摆脱，微想，是该重新开始的时候了，再怎么努力，一个人的努力是不够的。6月，再次和瑞交谈的时候，微选择了瑞，但是微告诉瑞，我不会再相信爱。瑞还是把浑身是伤的微捡了起来。瑞的勇气，是要让微重新拥有幸福。

微找到宇，说："我们分手吧，什么都过去了，我会幸福，也请你放下，祝你幸福！"微的泪那么酸的流下来，宇不懂，永远都不会懂。微一直在乎宇。宇说："你和他在一起了？我退出。"

微从宇那走的时候，边哭边笑，或许，这就是给微的作弄吧，微放不下，她放不下他。这段感情从一开始就是微在争取，一直都是微在找宇，一直都是微在努力，微一直在找宇，微再一次找到宇的时候，宇告诉微一件微从来不知道的事情，宇的第一次给的是另一个女生，那个女生在微之前。哈哈哈哈，真可笑，微觉得自己真可笑，可笑的不是宇的第一次给了谁，可笑的是从一开始就被宇骗，自己还那么努力地维系这份爱，不，能算爱吗？为了宇，微付出的，是别人做不到的。这一次，微不能再等宇了，也不能再被这份爱困着了。原来，一直对这份情纠缠不清的是微，也只有微。

现在，微天天哭，天天对着一张照片哭，被瑞看到，瑞会心疼，也会吃醋，但是瑞从来不责怪微，因为瑞知道，微需要时间，她只是曾经爱错了，她值得他珍惜。

人生感悟

如果把"真爱"比作一块非常光滑的布，表面上看是非常华丽的，可当你仔细观察，却发现漏洞百出！第一，你会发现上面有很多细细的小孔，可谓是千疮百孔！当你以为"真爱"来临的时候，细细一想，却发现这只不过是你的一时冲动。就算你不是吧！那我们来看看它的第二个漏洞！再好的布，再好的料子，都会随着时间的推移而经不起考验，慢慢地老化。如果把它运用到"真爱"里，不就是这样吗？

辑五
曲终人散，谁忆长相思

　　叶子的离开，是风的追求还是树的不挽留？一片片凋落的树叶只有掉在地上，才有人生出怜惜之情。好多时候，我们为了追逐远方的信仰，忽视了沿途的风景，到最后只剩下些支离破碎的回忆，将思绪的丝线拉得很长很长。在这丝线缠绕的如影似幻的网格中，回忆着那些令人伤感的冲动。曲终人散，谁忆长相思。

有些爱，我们挥霍不起

那年的暑假，很多同学都没有回家，参加学校里搞的暑期社会实践活动。女孩也报名参加了，去贫困山区的希望小学，和那里的老师孩子一起生活一个月。

临行前，她给父亲打电话，父亲说，你安心去吧，我和你妈在家里挺好的。

父亲是一家国营老厂的科长，没有什么大本事，也不会说什么大道理，敦厚老实，虽然挣不到很多钱，但却有一份稳定的收入，所以也算衣食无忧。

两天之后，她收到父亲给她寄来的1000块钱。和宿舍里的姐妹们相比，不算很多，但她还是一下子拿出200块钱，请宿舍里的小姐妹去吃饭。这是宿舍里的规矩。

从肯德基出来的时候，已近傍晚，街上车如流水，人声喧哗。回宿舍的路上，几个女孩像小鸟一样叽叽喳喳，一转头忽然发现一个腿有残疾的中年男人跟在身后，亦步亦趋，原来他是一个捡废品的，等着捡她们手中的饮料瓶子。

女孩不耐烦地看他一眼，说："别跟着我们行不行？"男人脸上露出谦卑讨好的笑，眼睛贪婪地盯着她手中没有喝完的饮料瓶子。

她鄙夷地看了他一眼，把手中刚刚喝了两口的饮料丢给那个男人。男人说，不着急，等你喝完了把瓶子给我就可以了。她厌恶地皱着眉头说，我不喝了，麻烦你别跟着我们，以后也别在大街上乱逛，像你这样的人简直影响市容。

男人并没有计较她说话的语气和态度，捡起那瓶没有喝完的饮料说，白扔了太可惜了，你们这帮孩子这样糟蹋好东西，简直伤天害理。他用衣袖擦抹了一下饮料瓶，递给她。她不屑地白了他一眼，说，这么脏的东西，你留着喝吧！他当真喝起来。

看着他仰着脖子喝着饮料，像几年没吃东西似的贪婪相，女孩忍不住把准备带回去做晚餐的汉堡一并扔到他捡废品用的袋子里。男人红了脸，结结巴巴，语不成句地说："我是捡破烂的，但我不是要饭的，我靠回收废品旧物供女儿上大学，不丢人。我女儿念的是北大，和你们一般大，一直都是用我收废品的钱供她念的大学，她明年还准备考研究生呢。"

说到女儿，他的眼睛瞬间灿烂起来，透着自豪的光芒，是的，他有这么优秀的女儿，有足够让他骄傲的资本。

女孩低着头不出声，她的内心受到前所未有的触动和震撼。是的，捡破烂收废品并不丢人，丢人的是自己，拿着父亲的钱心安理得地和同学们比吃比喝，比穿比戴。自己的父亲也会像眼前这个男人一样以自己为荣吗？她从来没有深刻地想过这个问题，只有要钱的时候，才给父亲打电话写信，手心向上，无度索取。

男人走的时候，又回头说："如果爱你们的父母，就别太浪费了，节省一点，你们的父母在家里就可以宽松一点，因为你们花的钱都是从父母手里拿的，你们没有资格浪费。"

她低下头，几个女孩都不再言语了。

暑期社会实践活动结束后，她绕路回家看望父母。在火车站下了车，看见一个中年男人背了一捆旧书、旧报、旧纸箱，吃力地往前走。她扬起手中一个刚刚喝完水的矿泉水瓶子，对中年男人说："我这里有一个空瓶子，送给你了。"

男人说"谢谢！"回过头来抹了一把汗，冲她露出笑容。她呆住了，那样宽厚温暖的笑容，那样低沉磁性的声音，这不是父亲吗？

一次次给父亲打电话，父亲在电话里说，我在家里挺好的，你该吃就吃，该花就花，别委屈了自己，好好念书，没有钱了记得打电话告诉我。

父亲每次打电话都说他在家里挺好，如不是亲眼所见，她真的以为父亲在家里挺好的。后来她才知道，其实父亲所在的那家国营老厂，因改制分流，职工大多下岗，父亲也不例外，他两年前就下岗了。每次她回家，父亲都掩饰地拿了母亲给准备的饭盒早出晚归，为的只是能让她安心读书。

而她呢？这两年，除了念书，用父亲捡废品换来的钱，跟宿舍里的姐妹轮流请吃饭，买衣服，比奢侈，不爱吃的东西，扔掉；不爱穿的衣服，扔掉；不爱用的书本，扔掉；一起扔掉的还有尊严和一种叫爱的东西。怎么就没有想想，那些衣服，那些饮料，那些化妆品要父亲捡多少个瓶子才能换回来？

她的眼泪忍不住落了下来，有些爱，我们挥霍不起，也无权挥霍。

人生感悟

　　如果说母爱是船，载着我们从少年走向成熟，那么父爱就是一片海，给了我们一个幸福的港湾。如果母亲的真情，点燃了我们心中幸福的火把，那么父亲的爱，就开启了我们的智慧，给了我们无限的恩赐。父亲的爱是无言的，厚重的，犹如远方绵延的山，静静地矗立在那，那种坚实而宁静的守候，是每个人心头掠过的最暖的温存。

错过了彼此的花期

人有悲欢离合，月有阴晴圆缺。春华秋实、夏雨冬雪、斗转星移、四季交替、潮落潮涨。回想起那些用诗意串成的日子，心中总是茫然若失。没有了你消息的日子，原本明朗的生活顿时黯然失色，一任哀伤的阴影笼罩剩下的旅程。

他和她曾经是高中同学，多年以后在陌生的城市相遇，理所当然地住在同一屋檐下，彼此有个照应。

　　每晚临睡前，她穿着睡衣，柔顺的秀发披肩，立在他的房门口轻声问："明天你想吃什么？"而他，总在她的电脑死机或灯泡短路时，很有豪气地拍拍她的肩膀："放心，一切有我。"她曾开玩笑地告诉他："我在替你将来的枕边人照顾你的起居，等她出现时，接管你的生活。"

　　有她精心调理他的生活，他着装越来越有档次，洁净的外表和成熟幽默的谈吐吸引了越来越多的MM。他与一群青春焕发的MM坐在客厅谈笑风生。她退到一边，明白他们的明天已渐渐偏离。27岁的女人再经不起等待，而27岁的他风华正茂，逐爱正烈。

　　她默默地搬离，只留下一串QQ号码。她在心里告诉自己："如果半年内，他意识到我的重要，我就跟他回家。"隔着显示屏，他只有客套的寒暄，简直冷漠至极。有几次，她想抛开矜持说些感性的话题，他却断然打住话头，直言不讳地说："没事你先忙吧，我在泡MM。"她知道，无论生活中抑或网络里，她只是他再普通不过的老同学。

　　她的QQ好友栏里只有一个头像，每天她像个守望者，守望着它的明灭，像她的爱情世界，除了半年的等待，一切皆空白，而他浑然不知。

　　28岁那年，她嫁给愿意照顾她的男人。他在QQ里恭喜她："爱情甜蜜，婚姻和满。"她掩面，泪水顺着指缝滴落到键盘上，他却看不见，生命中唯一一朵情花未展露芳华，便已凋零。

　　婚后的生活平淡而从容，原来全心全意为一个人洗手做羹汤，并不需要爱情。只是在每个深夜，她静默地上线，怔怔地望着好友栏上的咖啡色头像，听他描述现在的爱情和生活。她把身体和一切给了老公，只把心遗留在他身上，充其量，也只是他生活的匆匆过客。

30岁生日那天，他在QQ里留言：到现在才知道自己需要什么，我很想念你做的红烧猪肉炖粉条和小鸡炖蘑菇。她的心狂跳不已，慌乱中下线。第二天，她下厨做了这两道菜，老公吃着热气腾腾的饭菜，惊喜地问，想不到你做东北菜这么拿手，可惜我今天才尝到！

她伸手抚弄老公额前的抬头纹，蓦然间，自觉亏欠太多。他给她丰衣足食的生活甚至宽容她对另一个男人孜孜不倦的爱情，而她竟连几道菜都吝于付出。

自此，她专注于婚姻经营，只有一个好友的QQ不再登陆。两年后收到他的伊妹儿，新婚燕尔的他说，那时候我太小也太傻。信末他说，如果你想结婚的时候，我刚好在，多好。

铅华洗尽，他们终于明白，情花曾开，只是错过了彼此的花期。

人生感悟

> 世界上有些花常开常落，正如后院里那朵淡淡的小黄花，每到春天它便会向人们展示它的美丽。而爱情的花却只有一次花季，不经意它就会开放，不经意它就会错过。等到错过了花期再去追忆，只会徒留凄凉。

不忍放弃这一双双爱的牵手

正值五月，恰是蒲公英开放的季节。

一年前的这个时候，我们点着灯笼火把漫山遍野搜寻蒲公英。

那时，妈妈患尿毒症到了晚期，加上长期糖尿病、高血压，不能做肾移植、血液透析，只好从广州市医院转了回来。

依旧是住院打针吃药，但境况却一天差似一天。吃什么吐什么，胸腔严重积水，心肾衰竭，排尿越来越少，妈被折腾得面黄肌瘦。一天，一场翻江倒海大呕吐后，妈紧紧攥住爸的两只胳膊，眼泪哗哗地流："我们就试一试草药吧，没有办法。"大医院的医生特别叮嘱过，不到万不得已不用草药，那样很伤肾。

当天夜里，爸和弟按人家的指点驱车赶到市郊一位草药医师那里求药，有事例证明他医好过几个尿毒症病人。深夜他们急匆匆赶回病房，扬着手里一小袋药，兴高采烈的样子："包好包好，加上蒲公英熬汁特别灵验！""等到中秋节，也许就能出院了。"妹抚着妈的肩膀，笑意盎然。"那我保证烧一满桌好菜给你们吃。"我们仿佛看见一轮金黄的月晕在苍白的周遭荡漾。

果然是秘方，妈一天天好起来。呕吐少了，能吃些稀饭，尿量也增加了。妈变得格外开朗乐观，一天点滴打完后，总嚷着到户外站立。我和妹怕她摔倒，就一前一后跟着。妈还经常亮起嗓子唱她的《女人花》，歌声婉转悠扬，吸引了许多医生、护士和病友。

只是做药引的新鲜蒲公英得来不易。本来已经不当季，加上天干大旱就更少了，需用量却很大。为此爸巡视了郊区一片片荒地、一个个角落，常常"满面尘灰烟火色"地抱着一大捧蒲公英回来。朋友、同事、病友家属也纷纷撒下"天罗地网"搜集蒲公英。于是常有人一手提水果，一手捧蒲公英，后边跟着个小娃娃来看妈，说是小孩阳火重，可以冲一冲。主治医生是妈的老同学，也对妈说："这样下来，就可以在'病危'栏里划掉你了。"

可是不到十天，妈的腹部，下肢慢慢肿起来，又开始呕吐，尿量极少，心衰越来越严重，需要长时间吸氧。妈的言语少了，总是大口大口艰难地喘着气，一双泪影朦胧而无神的眼睛久久凝视着我们。爸劝慰说："这是反复罢了，又四处奔走去求药。"

秘方用了不少，蒲公英汁也从未间断，只是慢慢地就失去了效用。妈已经不能平躺也不能自己起身了，几天几晚的不能合下眼，双腿开始渗水。好几次妈夺过我手中的安眠药瓶，倒出满瓶药来往嘴里塞，可是手颤抖着没到嘴边药就撒了一地。爸知道了，总是不让我哭，他抚着妈的身子，轻声细语："一定要有信心，有我在呢！"

中秋节前，又求到一味药，情况又有好转。我们把中秋宴设到了病房，爸妈的几个老朋友都合家赶来陪我们。那一夜风凉凉的，细碎柔和的月光恬淡地照着。妈倚靠在床上，嘴角始终溢着淡淡的微笑。她似乎胃口很好，但不敢多吃，说是还有一大杯蒲公英要喝。切月饼的时候我们让妈许个愿，她脱口而出："到春节，我烧菜请你们吃吧！"好像一切依旧，一切都不会变，我们大声欢呼起来。

才几天的时间，妈就随着蒲公英永远地飘逝了。

家里还晒着满满一阳台的蒲公英，茸茸的小白花，锯齿般的小绿叶。听妹妹说，第一次求药时就知道妈没救了，他们在外边哭了很久才回来。后来的日子都是一场美丽的蒲公英的梦。妈也是学药理的，但她宁愿相信蒲公英的神话，因为始终不忍放弃这世界一双双爱的牵手。

人生感悟

爱，是人世间最伟大最神奇的力量。爱心如春雨，播洒在每个人心间，催生着希望。

世上万般情感，倘若逐流溯源，源头一掬必是爱，是爱让生命永恒！

没有永恒的爱情，只有永恒的亲情。爱情的最终结果就是转化为亲情。

错过一时，错过一生

生活有时阴差阳错，你错过了一时，就似乎注定要错过一生了。

有个男孩，在学校的新生联欢会上认识了一个女孩。女孩笑容灿烂，聪明活泼。男孩对她几乎是一见钟情，却并没有表露心迹。因为男孩刚经过高中阶段循规蹈矩式的教育，对男女之情总是那么小心翼翼，他想："再等等吧，等水到渠成之时，再向她表白。"

两年后的一个月圆之夜，男孩终于鼓足勇气把女孩约出来，向她郑重表白了心中的爱意。没想到，平时伶俐的女孩结结巴巴地说："我……我想我不能接受……你的好意，半个月前……我已经……接受了另一个……男孩……我真的……不知道你……会喜欢我……"女孩说完就跑掉了，没有让男孩看到她湿润的眼。

后来，有人看到男孩同学校的"校花"经常成双结对，大家都以为他看中了"校花"的美貌，似乎谁也没有觉察到，"校花"有着和女孩一样灿烂的笑容，非常相似，所以谁都没有发现男孩的用心良苦。但是没过多久，男孩与"校花"的爱情就以分手告吹。

大学生活很快就结束了。毕业后，女孩披上了嫁衣成了别人的新娘，而男孩再也没有恋爱过。因为他清楚，只有这个女孩才是他今生唯一的至爱。

男孩从朋友那里辗转打听到女孩的生日和地址，每到女孩生日时，他就会叫人送去9朵郁金香（他不知道女孩最喜欢什么花，他自己最喜欢郁金香）。男孩知道女孩已为人妇，所以他从来不在卡片里留下姓名和联系号码，他不想因为自己的感情而影响女孩的生活。

几年时间转眼就过去了，男孩依然是形只影单，依然记得每年都送花给女孩。就在女孩生日的前两天，男孩参加了一个同学聚会。他听说女孩在这几年里经历了两次离婚，如今也是独身，心里又心疼又高兴。他为女孩遭遇了感情的不幸而心疼，又为自己再次有了机会而高兴……

终于等到了女孩的生日！男孩兴奋得难以言状！他想这次一定要亲自把花送去，再向她表白。为此，他几乎逛遍了所有的花店，最后挑选了最美的花朵郁金香。

当小姐把花包扎好的刹那，男孩在卡片里写下几个字：你知道我在爱你吗？男孩英俊的脸上洒满了笑意与渴望，径直向街心走去……

就在那时，一辆逆行又高速行驶的摩托车撞倒了他……

女孩在收到郁金香的同时也收到了男孩的死讯。

女孩明白了一切，她把自己锁在了房间里哭了整整一夜。她回想起多年前的那个夜晚，男孩对她的表白。她一直不知道，这近10年来，男孩是如此执着而痴狂地爱着她！想到这里，她就哭得更伤心，奔泻的泪水将郁金香浸染得无限凄美。女孩知道，她失去了今生难遇难求的至爱。

然而，长眠于地下的男孩肯定也不知道，女孩最喜欢的，正是郁金香啊……

人生感悟

做人有时很难堪，常常要等蓦然回首，才会惊觉最渴望与之携手的人已经另有怀抱，而自己也早已肩负着一份沉甸甸的责任。

再怎样惊天动地寻死觅活终是一场迟到，只徒然灼痛了自己，伤害了别人，也毁坏了那份因朦胧而生的情愫。不如把爱深埋心头，远远地注视，悄悄地关怀。

最伤最痛是后悔

初见文倩的那晚，华子和一帮中外朋友在"长海"酒吧聚会。华子兴致很高，一边用"苏格兰红方"显示酒量，一边分别用英语和朋友们聊天。华子注意到邻桌独坐的女孩衣着得体很有风度。

不久，朋友们或是醉了相扶而去，或是拉上女友到舞池浪漫，只剩下华子坐着抽烟。酒精刺激了他的胆量，他坐到邻桌问那女孩："坐会儿行吗？"她平静地回答："不行，我在等人。"华子反驳道："你背对着门的方向，也没有不停地看表，不像等人。"
她笑了，饶有兴致地看着华子："你很聪明，你做什么工作的？"
华子胡诌了一句："我给政府工作，抓坏人的。"

后来谈起相识的过程，文倩总是得意地取笑华子一番，她才是真正"给政府工作的"。看过她的证件，华子大吃一惊："怎么碰了个'女特务'！"

他们相处得很融洽，爱好和胃口都相近，吃自助餐时，都会不约而同地取相同的食物。到后来，彼此能说出对方想要说的话，可谓心有灵犀。文倩问华子："以前设想的情人是我这样吗？""不是，你比我的梦中情人还出色。"华子并没有夸张，文倩聪明活泼美丽善良。28 岁了，头回有女朋友，华子绝对要全心善待她。

当然，爱情中不仅仅只充溢着甜蜜，烦恼也会不经意地扰你一下。文倩有许多同学朋友常请她聚会，华子很不放心，为此他们曾大吵一架，甚至准备分手，可冷静下来，发现无法割舍这份爱，又重归于好。

然而，接下来文倩推说工作忙，不能和华子见面，电话里也是冷冷应付两句就挂。她从未这样过，华子怀疑她是另攀高枝了。

华子的怀疑终于验证了。周日，他去东方酒店接外宾，突然看见一个穿短裙极像文倩的女孩，被一个高大的男人牵着手往里走。华子追上去一看，果然是她！她看见华子后脸色大变，加快脚步和那人上了电梯。华子愣在那里许久，没有勇气再追上去。那晚，华子一夜无眠，文倩没和他联系。第二天，华子呼她，留言：

"梦已醒了，再见。"

华子深知：他最珍惜的缘分已尽了。文倩后来呼他时，华子索性关掉呼机。

差不多一年后，华子娶了云眉。华子请文倩的同事兼好朋友何晶参加婚宴，在云眉去换衣服时华子忍不住向何晶打听文倩的现状。何晶表情很冷："你还好意思问她？当初你们为什么要分手？"华子很诧异："她没告诉你吗？""她只是说为那次任务她付出了太多、太多。"华子预感不对劲："任务？""大概去年这会儿，我们在'东方酒店'设点抓了条大鱼。"华子的大脑"嗡"的一声，之后一片空白。

亲友们推华子上台唱歌，华子不知道把《忘情水》唱成什么调了，大家却都在鼓掌喝彩，当唱道："才明白爱恨情仇，最伤最痛是后悔……"华子的眼泪终于忍不住夺眶而出，掌声更热烈了，可华子连后悔的机会都没有了。

人生感悟

　　人生路上关键的往往只有几步，最终还是自己去走，让别人去说。做自己的事情，不管结果怎样总不会后悔，毕竟自己酿的酒自己知道味道。

　　往者已矣，来者亦不复可追。珍惜你拥有的，不要空留遗憾在人间。

谁把爱情弄丢了

"你的脑袋里装的全是糨糊呀！"王皓轻轻地敲着苏眉的脑门说。

苏眉低头不语，眼里噙满了泪水，很是委屈。

"一点也记不起来在哪儿丢的吗？"

苏眉摇头，拼命不让眼泪流出来。

"总有一天你会把自己弄丢的！"

听到这里，苏眉猛地抬头，嘴巴一撇，哽咽着问："那……你会把我找回来吗？"王皓一愣，随即把苏眉拥入怀里，脸上已是温柔的表情："傻糨糊，会的，我一定会把你找回来。"苏眉满意地笑了，好似不曾丢过东西。可是苏眉怎么忘了问他，如果自己把他弄丢了该怎么办？

这是苏眉每次丢东西后和王皓都要重复的对白。因为苏眉很健忘，丢手机，丢钥匙，丢身份证，丢钱包……总之，丢东西是她的家常便饭。王皓对此很是恼火，却也无可奈何，而且每次都是被苏眉搞得哭笑不得。除此之外，室友还给苏眉一个"公交白痴"的绰号，因为苏眉坐公交车经常不是坐错就是坐过站。有一次更是离谱，苏眉送朋友上公交车时，车来了苏眉居然自己先跑上去，还洋洋得意地占了两个位子等朋友上来，车开走了才发现自己在车上，为此室友都快笑破肚皮了。不过自从和王皓在一起，就没发生过这种事了，因为无论到哪，王皓都会牵着苏眉的手，苏眉特别依赖他，更享受着这种依赖。

临近毕业时，苏眉却做了一个令所有人惊讶的决定：独自一人去深圳，还发誓要混出点名堂来。王皓早就有留在湖南的打算，他说这里有太多熟悉的东西。而苏眉的脑子里充满了奇特的幻想，那个城市时刻吸引着她去揭开神秘的面纱。

一开始王皓以为苏眉开玩笑，当发现苏眉在收拾行李时，他火了，"你怎么敢一个人去深圳呢。和我留在湖南不是很好吗？"苏眉停下来认真地看着他，说："王皓，你在湖南找到了适合自己的定位，我也要找到自己的坐标。"

"可是在这里你也一样可以找到呀？"他激动地说。

"那是不同的，在你身边我永远都是依赖你。"

"这就是你的理由吗？原来你是厌倦我了，要离开我？"

"不是的，不是的，你要知道我永远都是很依赖你的。但是我想让自己的思想独立，我不能做个永远长不大的孩子。"苏眉固执地不为他留在湖南，也不让他为了苏眉放弃自己的理想，尽管他的伤心和担心都写在脸上，但苏眉依然很坚决，最终他还是妥协了。

在火车站里，很多人来送苏眉，同学们一个一个和苏眉告别，苏眉显得特别兴奋。而他却默默无言，只站在人群中静静地看着苏眉。每每触到他的眼神，苏眉心中的不快就更加强烈。想和他说点什么，又觉得是多余的。

火车快动时，王皓突然跑到窗口轻声而有力地对他的同学（跟苏眉搭同一趟车去深圳）说："你应该很清楚苏眉在我心中的分量，你要是敢伤害她或是委屈她，我会跑到深圳来找你算账的。"

之后，他很凶地说出关心苏眉的话，苏眉鼻子一酸，眼泪快要掉下来了。"你还凶我，我不回……"他用手盖住了苏眉所要说的话，然后伏在苏眉耳边说："这趟车的终点是深圳，你不用担心会过站，我会买张深圳的地图，不认识路打电话来问我，好好地照顾自己，我相信你一定行，我在湖南等你。"苏眉故作的轻松在听到这些话时全部瓦解了。火车开动了，他在窗外跑，苏眉的眼泪在窗外飞。

是不是这次的分离早已注定了故事的悲剧？是不是苏眉忘了把爱情带上车？还是苏眉又坐错了车？苏眉真的把他弄丢了，把爱情弄丢了。丢在了湖南老家，丢在了这趟火车的车窗外……

深圳是个快节奏的城市，到了那里苏眉就忙着找工作，然而现实是残酷的，因为没有经验的苏眉常被拒之门外，一个多月过去了，可是苏眉却一无所获，每次快要倒下去的时候，苏眉就想到王皓送苏眉时说的话："我相信你一定行的！"还有王皓同学转过来的信，字里行间的牵挂和关心每次都会让苏眉把信纸打湿得一塌糊涂。可是苏眉没有回过他一封信，苏眉怕倾诉会让自己跑得比信还快去见他。在没有实现自己的理想之前，她是不能放弃的，她不能让王皓失望。在她的所有棱角都被磨光之后，苏眉不得不把自己的要求降低，最后在一个公司做了文员。但是苏眉没敢告诉王皓，因为他肯定会叫苏眉回去。苏眉总是躲着王皓，电话不打，信也不回。

后来，苏眉换了工作甚至没告诉王皓地址。苏眉总是在心里说，等情况好转了再和他解释。其实，在伤害他的同时，苏眉自己也在煎熬着，工作的艰辛和在异乡的孤独，总是让苏眉想起以前依赖他的日子，经常委屈地不知不觉地流泪。不过，总有个信念在支持着苏眉：她要做最好的自己给他看。但是苏眉忽略了，当一个人的爱得不到回应的时，它就会渐渐变淡，再多的激情也会被磨灭。

换工作后的两三个月，苏眉和王皓一直没有联系。后来，以前的同事转过来一封信，一看就知道是王皓的。拆开一看，只有聊聊几字：

苏眉：

我来过深圳，可是我没能把丢了的你找回来。也许是深圳的潮水把我的糨糊稀释了，再也抓不住了，所以我选择放弃！

王皓

最后两个字让苏眉的心沉下去，一看时间还是上个月寄来的，苏眉慌忙打他的电话，在网上留言，写信，用了一切能联系他的方式，可是都没有任何回应。焦急等待了一个星期，可是什么消息也没有。苏眉急得六神无主，这时才发现，她其实就是一只风筝，线的那头是王皓，可惜现在找不到线的那头了。

人生感悟

因为爱过，所以不会成敌人；因为伤过，所以不会做朋友。如果前世的五百次回眸，才换来今生的擦肩而过，那想来已经很幸福了。其实，擦肩而过，也是一种很深的缘分。我们可以一秒钟遇到一个人，一分钟认识一个人，一个小时喜欢上一个人，一天时间爱上一个人，但是却要用一辈子去忘记一个人。

拥抱之后，他们天涯各路

错过的人和事，就让时间去填满他们的容貌和深浅吧！在一切都过去时，再回头追寻曾经的足迹是不可取的，也许你有你的理由，在不得已的情况下放弃或再追寻，但我们毕竟不是电视里上演的童话故事，现实就是现实，没有人伤了还会站在原地等你，就算曾有过等待，也早在有限的时间里被绝望带走。

认识何晴并非方城的意愿。其实，方城那时已经27岁了，不是不想找女朋友、不想轰轰烈烈地谈一次恋爱。可是，一个"谈"

字对他来说是件很奢侈的事。因为方城是警察，没有更多的时间面对某个女孩的柔情，而且，他又是很唯美的人，要谈就全心付出，要么干脆不谈。

可何晴却偏偏在这个时候找了来。

何晴是报社的记者，在方城他们侦查一起贩毒案时，为了采访千方百计加入到他们行列的。很快方城发现不管有多紧急，何晴都能保持异常平静的心理，这是那些做了多年干警的男人都很难做到的事。

那天，他们终于得知贩毒头将于晚间出现在某村某间民房，于是，他们做好了周密的部署。可罪犯很狡猾，相互间有暗号，否则绝不开门。如果硬攻，他们的人也够，但那样损伤较大。据可靠消息，罪犯有两把手枪。"要是能让罪犯打开门，什么事都好办。"方城自言自语。"废话，你这是老鼠给猫系铃铛。"一愁莫展的队长斥了一句。

"可是，如果一个女人去找自己的丈夫，也不足为奇。"方城低着头，装作无意识地说。

十几个人的目光一齐射向何晴。"跟我来。"何晴谁都没看，说这句话时，人已走出暗处，向罪犯所在的房子走去。阻止是来不及了，队长狠狠踢了方城一脚，命令大家"跟上"。

何晴看了一眼困在墙边的他们，用力敲打着门板，大声而焦急地喊道："大哥，大哥快开门，孩子病了，嫂子让你快回去。大哥，孩子病了，嫂子让你快回去……""你大哥是谁？"一个男人一边开门一边粗声粗气地问。

很快，他们没费一颗子弹就将罪犯抓获。事后，队长命令方城向何晴道歉，方城爽快地答应下来。其实，就算队长不说，他也会向何晴道歉，毕竟，那个玩笑开得有些过火。如果何晴出了什么意外，一切责任将由他来承担。

在报社的楼下等了许久，何晴才出来。看到方城，并不吃惊，就好像天天见面一样，没什么表情地走过来等方城开口。那一刻，方城想不明白，相隔了两星期再次见面，连他这个大男人都多少有些激动，她竟能淡得没一点表情。

"我来向你道歉，那天我不该让你去冒险。"说完，转身就走。事先准备好的种种道歉的方式都被这女人的冷静搅得记不起来。那一刻，方城有些恨自己自作多情，竟从城东骑了近1个小时的单车跑到城西向她道歉。"这么远来只为向我道歉吗？"转过身，她眼角的笑意竟是带有恶作剧般看穿一切的嘲弄。

方城的脸蓦地红了。等待她时的不安和见到她的慌乱，已让方城明白，这一次，他所以不带任何怨言地真心道歉，都只为自己已喜欢上她，懊恼的心绪一下涌上来，语气便不再客气："你以为还有别的吗？"

"一起喝杯茶好不好？"原来她温柔的语气是不容人拒绝的。不敢看她的眼，方城匆匆点了下头。

方城不是没有和女孩子一起喝过茶，只是从没有如此不可阻止地喜欢上一个人。

接下来，方城便常常在报社的楼下等何晴。方城从来不知道，默默地注视一个人竟是这样幸福。

幸运的是，何晴的父母对方城也很好，只有一个女儿的他们，唯一的心愿就是看到何晴有个好的归宿。休息的日子，方城总是泡在何晴家，和她的妈妈一起弄几样好菜。自从父母在追缉罪犯中双双殉职后，方城第一次感受到家的温馨，他是越来越迷恋何晴的家了。

很晴朗的一个星期天，他们一起逛街。何晴挽着她父亲，方城挽着她母亲，那种相互依靠的感觉别提多温馨了。幸福中的方城没有注意到，一双恶毒的眼睛正盯着他。当方城感知，一切都已发生，何晴的母亲推开方城，挨了一刀，刀口并不深，可是因为突然倒地引发脑溢血，最终还是没有抢救过来。

医生告诉他们这消息的时候，何晴的手紧紧抓着父亲的手，没看方城一眼。方城不敢上前，不敢说话，看着何晴的泪一滴滴打在地上，他的心也如落地的泪珠，四处飞溅。

同事告诉方城，整个事件是一次寻仇，因为方城从线人那里探知贩毒头的踪迹并将他们一举抓获，所以，方城成为他们仇视的目标。

悄悄退出医院，方城找来两个办事稳妥的朋友请求他们帮何晴料理一切后事。方城以为何晴此时最不愿见的人就是他。葬礼那天，远远地看着悲痛异常的何家父女，方城宁愿埋葬的是自己，他太清楚突然间失去亲人是怎样的一种滋味了。

两个月后，何晴写来一封信，告诉方城，现在她生命中最看重的是亲情。她说："看着父亲一天天苍老下去，那种心痛比看着母亲逝去更加深切，更加难以承受。所以，不管曾经有过怎样的感情，她都将不再记忆，不再拾起。"信末并说，"她和她父亲祝方城一切顺利。"

发生这样的事，方城已没有选择的权力。可方城忍不住仍要踱到何晴的窗下，远远注视着那扇或许有她或许没有她的窗子。方城所有的感情都在那里了。有时，能看到何晴，方城会痛心地躲到树后，他只想远远地看看。不知道这样过了有多久，在一个夜晚，方城被四个男人围住，没有一句话，他们动手打方城。任由他们的拳头上下翻滚，唯一的思维是，离开何晴，生命于他已是一片空白，生与死都不再是个难题。在倒下的那一刻，方城却听到何晴的声音："不要……"当方城慢慢醒来，队长告诉方城，从四个汉子手中将他救出的是何晴。队长说："何晴一直知道你在她窗下，她看到你被围击，让她父亲报了警，自己则抓了一根棒子冲了过去。目击者说他们从没看到何晴如此冲动，如此不要命，连罪犯都说她当时像疯了一样，没人敢上前跟她拼命。"

许久，方城终于放声痛哭，何晴是爱他的。在方城苦苦挣扎于心理的责问和失去的痛苦时，她也同样挣扎在舍取之间。曾经，方城以为自己失去了她的感情，可是，在20多年的生命中，方城第一次深切知道什么是"生死相随"。泪水洗过，方城感觉到幸福，疼痛般的幸福。

痊愈后，方城去找何晴，依旧是等在报社的楼下。见到方城，她就好像天天见面一般，淡淡地走过来。"我，刚巧路过这里。"方城说。

她微笑着点点头。"一起，喝杯茶？"方城建议。

她微笑着摇摇头。

曾经的一切真的都已不再。方城低下头。

"我的舍弃，跟感情无关。我仔细想过了，如果让你放弃这份工作，你会更加对不起你的父母，还有我的母亲；如果你不放弃，我又不能确定会给父亲一个安稳的晚年。"

说完，何晴上前轻轻拥住方城。一滴泪落在方城的耳边，痒痒地撕裂着彼此的心。何晴要的不过是像水般一点一点清澈而欢畅地流淌。可方城带给她的，只会是可怕的回忆。

感情或许可以经受岁月的捶打，却承不起心灵的折磨。爱，依然是爱着的，只是那爱已不是往日单纯的付出了。与其在日后想尽办法去补偿，不如早早放手。他们是常人，不可能不将曾经的记忆带进今后的生活。何晴怕自己走不出母亲因他而去的阴影，更怕他把补偿的包袱背负一生。

在爱情的天平上，何晴比方城更唯美，爱得也更深。紧紧拥住何晴，方城心里比任何时候都凄楚。因为，一拥后，他们将天涯各路。

人生感悟

像这样刻骨铭心的爱，你的一生能经历几次。

生命赋予我们活力，也让我们看到世界的精彩，让我们感到生活的温馨，懂得活着的意义。当晨曦来临的时候，我们又开始了新的生命的旅行。

夏日里的最后一朵玫瑰

曾经，当你我都更年轻、更单纯且涉世未深之时，生命里饱胀着无比的热情，任何不经意的挥洒，都可能成就出一幅动人的、属于自己的图案，且从此，这张色彩绚丽的影像便会不时插播于脑海之中，及时拉起自己此刻沉沦的心情，乘着记忆的翅膀，飞向浪漫的从前……

在夏天即将来临的时候，女歌唱家被一种致命的疾病击倒。她整日卧床不起，回想起自己刚刚绽放的青春年华和艺术生命，犹如天幕上一颗一闪即逝的流星，让人充满了遗憾。在那些孤寂的日子里，她不止一次地支撑着虚弱的身体走到钢琴边，但手指似乎不听使唤，已经无力掀开本来不重的琴盖。她只能任凭昔日的音乐在脑子里发出空洞的回响，然而又无可挽回地弥散、消失，彻底地归于黑夜……

　　而小偷将在这个故事里不可避免地出现了。小偷的出现显然带有极大的偶然性。由于故事本身的逻辑，他拿着一束塑料玫瑰花，在一个烟雨蒙蒙的黄昏敲开了一扇冷清多日的门。而在此之前，这个手拿玫瑰的小偷已经踏遍了这座城市的大部分高档私人住宅区，并且成功地完成了一次又一次的偷窃，收获不小。他作案的主要伎俩是当确信室内空无一人时，便毫不犹豫地撬门而入；而倘若门意外地被敲开，他便捧着那束玫瑰彬彬有礼地问："请问您要花吗？"

　　小偷敲开女歌唱家的那扇门时，看到的是一双美丽得令人心悸的濒死的眼睛。接下来发生的一切完全超出了小偷的经验范围。

　　就在小偷还未来得及问"请问您要花吗"的当儿，他手里拿着的那束花已被轻轻地接过去了。"好香的玫瑰呀！"小偷听见她凑近塑料花认真嗅嗅说。小偷一时有点不知所措，太出乎意料了。

　　"是刚采到的吗？"她捧着塑料花往里走时又回眸一笑，"实在是太感谢了。"她再次把脸贴近塑料花，陶醉地闭上眼睛。待她睁开眼睛时，刚才还苍白得没有一点血色的脸竟奇迹般显出两抹淡淡的红晕，"您还站在门口干吗呀？快请进来呀。"

　　小偷觉得她的声音像水晶一样透明。他的腿僵立在门口，仍然有点不知所措。他想悄悄地溜走，但怎么也迈不动步。"您喝点什么？咖啡，还是茶？"他吭哧了半天，终于说："我还是走吧。"但是茶已经端上来了，热气腾腾，散发着缕缕清香。他只好硬着头皮迈起了步子。

　　小偷坐在客厅的沙发上显得局促不安。"您看这花放在哪儿好呢？"她捧着那束塑料花在屋子里转来转去，"好久没人给我送花，连花瓶也不知扔到哪儿去了。您看过我演出的哪部歌剧？《图兰朵公主》《原野》，还是《卡门》？噢，那您是听过我的音乐会了，"她总算找到了一个空的大可乐瓶，"您看这花插在这里面行吗？我这儿空可乐瓶有的是，可就是没那么多的花。"她又喘息似的笑了笑，"您从哪儿知道我喜欢玫瑰的？我可从来没对人提起过。"她忽然偏过脸，孩子气地把双手合在胸前，"您猜猜看，我现在最想做的是什么？"小偷迟疑了一下，摇了摇头。

"弹钢琴"，她轻轻吐出三个字，"自生病以来，我好久没摸过琴键了。"她朝他看了一眼。"您能帮我掀起琴盖吗？"她不好意思地垂下眼睑，手指互相绞在一起，"您知道我现在连这点力气都没有了。"

小偷犹豫了一下，还是过去帮她掀起了琴盖。"您真好。"她坐在钢琴旁边喃喃地说。她的手指按在琴键上。琴声蚕丝一样从她的手指下滑出来，显得绵软无力。"您能听得出来是哪一首曲子吗？"她说，"我的手指柔弱得像棉絮，您没法想象我14岁的时候就是靠这支曲子走进音乐学院的吧。《夏日里的最后一朵玫瑰》，您听出来了吗？可惜我现在唱不出来了，大学时我唱它得过大奖，从此走上了艺术生涯。"她的手指在琴键上无力地垂下，"您在听吗？"

"我该走了。"小偷从沙发上站起身，语气很坚决地说。当他穿过客厅，快步向门口走去时，他听见身后传来一种异常的声音，"您……还来吗？"他不由自主地停住了脚步。"这束花过不了几天就枯萎了。要是每天都能闻到清新的玫瑰该多好。"她又把脸贴近那束放在可乐瓶里的塑料玫瑰，自言自语地说。

三天以后，他又来了。怀里抱着一大束芳香四溢的真正的玫瑰。噢！她吻着那些妖艳的花朵说："我从来没见过这么多的玫瑰。"她因兴奋过度，呼吸有些困难起来。他把她扶到床上躺下，又将插上玫瑰的空可乐瓶围绕床的四周摆了一圈。她默默地看着他做完这些。"您知道吗，我还以为您不会来了。"她说。

"我也是这么想的。"他说。

"可您还是来了，"她说，"您不知道我有多高兴。可惜我不能给您唱歌了，您不会见怪吧？"

"怎么会呢。"他说。

"我本来可以给您把那首《夏日里的最后一朵玫瑰》弹完的，可我的手越来越不听使唤了，感觉不像是我的手。"她说，"我大学时录过一盘磁带，这几天我一直在找那盘磁带，可就是找不着。您在看什么呢？"

"我在看墙上那幅照片。"

"您认出来那是我了吗？"

"我正这么想来着。"

"那时候我刚刚成名，您看我那时笑得多甜。"

"你笑的时候像我的一位同学，中学时我们一直同桌。"他目光有些忧郁地看着墙上那幅画片。"后来她出国了。"他问，"我可以抽烟吗？"

从这以后，小偷每隔三天便送来一束芬芳袭人的玫瑰。它使房间里很长一段时间散发着奇异的花香。她久病不愈的脸上一度焕发出淡淡的红润。她再次产生弹完那首《夏日里的最后一朵玫瑰》的念头，遗憾的是，这种淡淡的红润并没有维持多久。直到有一天她坐在钢琴旁等了整整一个下午，始终未听见她所熟悉的敲门声。而这时可乐瓶里的玫瑰已明显地枯萎下来。就在那天夜里，她的脸变得比往常更加苍白……

夏天快要过去的时候，小偷终于从拘留所里被放出来了。他胡子拉碴，目光变得更加阴郁。那天他跑遍了大街小巷，才在一个郊区的花市上买到一束并不十分鲜艳的玫瑰。"这大概是夏季最后一朵玫瑰了。"他想。

他又敲响了那扇熟悉的门。他敲了半天，但开门的是一位陌生的老太太。

老太太瞥了一眼他手里的玫瑰花，漠然地说："你是找那位女歌唱家吗？她一个多月以前死了。"

人生感悟

　　或许那是个曦微初露的清晨——你不屈不挠地踏遍了家里，乃至学校附近的所有花店，只为了寻找一束深具"离别"意味的黄玫瑰，要把它交至将有远行的友人手中，希望她(他)握着你的祝福，别后的日子能更顺利。

辑六
人生最美是淡然

"夫君子之行，静以修身，俭以养德，非淡泊无以明志，非宁静无以致远。……"意思是说：高尚君子的行为，以恬静来提高自身的修养，以节俭来培养自己的品德。不恬静寡欲无法明确志向，不排除外来干扰无法达到远大目标。其实，淡泊的心境就是懂得舍得与放下。

放下即快乐

有这么一个故事：美国某百万富翁左眼瞎了，就花很多钱装了只假眼。这假眼看起来跟真眼一般无二，富翁很得意，常常在别人跟前炫耀，并让别人猜猜真假。有一回，他问作家马克·吐温："你猜猜看，我哪只眼睛是假眼？"

马克·吐温指着他的左眼说："这只是假的。"富翁很惊讶："你是怎么知道的？"马克·吐温说："很简单，因为你这只眼睛里还有一丝慈悲。"

很明显，这是作家在讽刺为富不仁之徒呢。其实，不用作家教导，我们所见所闻也知道现在的有钱人负面消息很多，财壮恶胆、作奸犯科、挥金如土、奢侈浪费等行为屡见不鲜。有些日子，"仇富"一说甚是流行，许多满脸暴发户神色的人，突然间委屈万分怨妇般地对人说，很多人都在眼红我们有钱人呢！似乎要告诉人们：现在穷跟富已经成了水火不相容的对立派别了。自然，受了"委屈"的人压根儿不会反省自己的钱是从哪里来的，也不会反省钱又花到何处去了。有钱不是坏事，花得不是地方才是坏事。汶川大地震中有"中国首善"之称的陈光标等人的善举就感动过许多人。

花了的才是自己的钱！我们没钱的人常常这么说。就算我们的消费观念已经如此，但前提是你得有钱花，而且是今天花了还得想到明天，"今天喝酒明天喝水"的事情是万万做不得的。正因为"明天"总是心里头的一道坎，所以穷人花起钱来大都抠抠索索，显得没有派头。而如果钱多，任你咋花也花不完的话，那派头就十分令人羡慕。

　　我曾不止一次地躲在被子里头想过，如果我巨富如比尔·盖茨，我会如何花钱呢？想不出来。但有一点我是能够做到的：传言地上有1000美金，比尔·盖茨连腰都懒得弯一下去拣，因为有这工夫他完全能够赚来更多的钱。我则不同，地上若有1000美金，我一定停下手里任何活计不厌其烦地去拣，有多少拣多少。人与人的区别就在这里，我等凡夫俗子绝对想不到比尔·盖茨下一步又要干什么了。

　　前几天，也就是公元2008年6月27日，52岁的微软董事长比尔·盖茨宣布退休，他将离开自己创办并执掌了30多年的公司，潜心投入慈善事业，还将自己拥有580亿美金的资产悉数移交给基金会，主要解决世界贫困人口的饥饿、健康问题。而且已经着手进行艾滋病防治和推广中国水稻种植技术，以提高非洲地区的粮食产量。

　　如果这一切是肯定的，那么，我觉得他真正是"一个高尚的人，一个脱离了低级趣味的人"了。我想象不出比尔·盖茨先生的这一壮举的出发点是什么，是什么事情触发了他的这种想法，是什么因素让他下了这个决心？既然我想象不出来，就干脆把他的举动设想成一种人格的升华或者一次精神的皈依。

我们很多人都在渴望财富，还远没有达到觉得财富是种负担的地步，所以我特别推崇民间的一则寓言。寓言说：从前有个财主为了寻找快乐，就把自己的金银财宝全部背负在身上，到处去寻找所谓的快乐。但一路走来一路喘息，因为他的财宝太多，又担心财宝安全不忍放手，致使自己不堪负重。一天，他累得不行，正抱着财宝坐在路边歇息。这时候，打山里走来一个砍柴的老人，他将肩上沉重的柴担子放在地上，捧着山泉喝了几口，长长地吁了口气，一副心满意足的样子，神情极为快乐。财主纳闷，遂请教砍柴老人快乐的原因。老人看了看他说："你把抱着的财宝放下来也就快乐了！"财主依言而行，快乐的感觉立即弥漫心头。

是的，能够放得下来的人无疑是快乐的，求仁得仁！

人生感悟

放下，是一种生活的智慧；放下，是一门心灵的学问。放下压力，活得轻松；放下烦恼，活得幸福；放下自卑，活得自信；放下懒惰，活得充实；放下消极，活得成功；放下抱怨，活得舒坦；放下犹豫，活得潇洒；放下狭隘，活得自在。人生在世，有些事情是不必在乎的，有些东西是必须清空的。只有该放下时放下，你才能够腾出手来，抓住真正属于你的快乐和幸福。

人生淡如菊

　　人的一生是要经历许多阶段的，比如说纯真无邪的少年时代，激情如火的青春岁月，厚重沉稳的中年时期，从容淡定的人生暮年。每个时候都有独特的风景，每段岁月都会给人不同的感受。可进入中年的她，突然间感觉自己，就一下从躁动中宁静下来了，不经意间就有了种坐看云起云舒，我自心境如水的超然。

　　她感到在无意中，一切都慢慢地淡下来了，常常会挂着淡淡的微笑，给人一种和谐温馨之感；常常看淡名利和物质，却看重人与人之间的感情，常常不会冲动行事，也不会轻易后悔，她会为自己的决定负责。可当她一旦爱上一个人，一定会坚守自己的那份爱，爱情的保质期是"永远"。

　　她还会在秋阳明丽的早晨或午后为自己沏一壶香茗，手捧一本书细细品味，慢慢欣赏。她懂得什么是知性美，她更愿意在闲暇的时候去学习书法、音乐、美术，或者去充电，接受最新的科技知识，来提高自己的修养和品位。她不会把时间浪费在世俗的纷争和无聊的麻将中，更不会和别人去攀比高档名牌的服饰和虚荣的炫耀。她知道，真正的美丽一定是由内而外散发出来的。

可是她也记得，不久前，还在为工作上的事烦恼不已，什么上司不赏识呀，工作业绩不突出啦，还有同事之间不服气了，等等，整个身心陷进了争强好胜的泥沼里，苦苦挣扎，不能释怀。可是到了中年，一切就都云开日出了，不是不努力工作，只是觉得自己尽力就问心无愧了，至于结果就不会去过多考虑了。这样，同事之间的关系反而和谐了，人的精神就愉快了，心胸也宽广了。

她也有曾经陷入爱恋中不能自拔的时候。那时，在热恋中痛苦，因为怕失去，所以猜忌怀疑，无事生非，互相折磨；在失恋中更痛苦，因为无所依傍，所以孤独寂寞，痛不欲生，自我戕害。可是到了人生的这个时期，不管是热恋也好，失恋也罢，都能平静地对待，诗意地化解。不是说心如止水，情如枯井，而是能理智地看待，睿智地经营。这样，使情爱更彰显出深沉含蓄之美，情深意切之境。让相爱的双方没有压力，更能享受爱本身给人带来的快乐。

她想，每个人一生中的某个阶段是需要某种热闹的。那时侯饱涨的生命力需要向外奔突，就像急湍的河流一样。但一个人不能永远停留在这个阶段。经过了激烈的撞击之后，生命就来到了一块开阔的谷地，汇聚成了一片浩瀚的的湖泊。这时就会变得异常的平和宁静，这种脱离了世俗的宁静，是以丰富的精神内涵为依傍的。它是一种超脱，一种繁华落尽见真情的纯粹，一种精神的升华。托尔斯泰曾经说过："随着年岁增长，我的生命越来越精神化了。"说的就是这样的感触。

人淡如菊，就是一种丰富的精神安静。具有这种品格的人，能够浸润在风晨雨夕，面对着阶柳庭花，听得到自然的呼吸，感受得到自然的脉搏。这时，斗室便是八极，内心顿成宇宙；这时，精神就会富有，心胸就会博大；这时，便拥有了一份澄明清澈，一份从容淡定。人生就从此不寂寞了。

人生感悟

淡定与从容是一种态度，它不是处世消极，刻意放纵，而是阅尽沧桑的醒悟、了然于胸的坦然；它也不是自我封闭、孤芳自赏，而是不以物喜、不以己悲，超脱地面对外界环境的纷繁和喧嚣。正所谓"千磨万击还坚劲，任尔东南西北风"。

放下的智慧

从前，有个和尚，破衣芒鞋，云游四方。他在化缘的时候，常常背着一个布袋，人称"布袋和尚"。别人看他背着这么大一个布袋，以为是他们僧团用的、吃的，就一直不停地供养。后来和尚嫌一个布袋不够，就背了两个布袋出门化缘。

有一天，他装了满满两大袋的食物回去，走到半路，因为太重，就在路旁歇息打盹。突然，他听到有人说："左边布袋，右边布袋，放下布袋，何其自在。"他猛然惊醒，细心一想：对呀！我左边背一个布袋，右边背一个布袋，这么多东西缚住自己，压得人喘不过气来。如果能够全部放下，不是很轻松很自在吗？于是，他丢掉了两个布袋，幡然顿悟。

无独有偶，印度佛教里也有着相同的故事。

有一位婆罗门，拿了两个花瓶前来献佛。佛陀对婆罗门说："放下！"

婆罗门随即将他左手拿的那个花瓶放下。

佛陀又说："放下！"

婆罗门又把他右手拿的那个花瓶放下。

然后，佛陀还是对他说："放下！"

这时，婆罗门大惑不解："我已经两手空空，没有什么再可以放下了，请问现在我要放下什么？"

佛陀说："我叫你放下的不是你手中的花瓶，而是你在尘世执着的心。"

是的，我们生活在纷纷扰扰的尘世中，背着各种各样的包袱，顶着来自四面八方的压力，放不下的事情实在太多、太多了。

对功名利禄放不下，出现了跑官、买官、贪官；

对金钱富贵放不下，催生了贪污、受贿、盗窃；

对爱情婚姻放不下，产生了痴男、怨女、殉情；

……

这种种的压力和重负又岂止婆罗门手中的花瓶?

当我们不堪生活的负荷，需要解脱的时候，不妨学会"放下"。

许由不接受尧的让位，跑到颍水边洗耳朵，是放下；

范蠡功成身退，隐姓埋名，携带西施，泛舟西湖，是放下；

陶渊明不为"五斗米折腰"，解甲归田，"采菊东篱下，悠然见南山"，是放下；

李叔同从贵胄公子到云水高僧，弃绝繁华，割舍妻子，从此，青灯伴佛眠，不问身外事，是放下……

佛家云："勘破、放下、自在。"一个人只有经历了漫长的人生跋涉后，才最终明白生命的意义，其实并不在于获得，而在于放下。

你只有放下一粒种子，才能收获一棵大树；

你只有放下一处烦恼，才能收获一片清凉；

你只有放下一种偏见，才能收获一种幸福；

你只有放下一种执着，才能收获一种自在。

当你放下足够的时候，如脱钩的鱼，出岫的云，忘机的鸟，心无挂碍，来去自如，表里澄澈，"风来疏竹，风过而竹不留声；雁渡寒潭，雁去而潭不留影"，才会发现生命竟可以如此充实、如此美好，日日是好日，步步起清风。

放下，是一种境界，更是一种精神，但也需要勇气和智慧。

人生感悟

佛说：放下了，就拥有了在晨钟暮鼓中初雪飘落，初雪消融，世间万物大约都是这样从无到有，从有到无。放弃并不等于从未存在，一切自在来源于选择，而不是刻意。不如放手，放下的越多，越觉得拥有的更多。

君等放下，归去来兮

某日，坦山和尚与一道友一起走在一条泥泞小路上，此时，天正下着大雨。

他俩在一个拐弯处遇到一位漂亮的姑娘，姑娘因为身着绸布衣裳和丝质衣带而无法跨过那条泥路。

"来吧，姑娘，"坦山说道，然后就把那位姑娘抱过了泥路，放下后又继续赶路。

一路上，道友一直闷声不响，最后终于按捺不住，向坦山发问："我们出家人不近女色，特别是年轻貌美的女子，那是很危险的，你为什么要那样做？"

"什么？那个女人吗？"坦山答道，"我早就把她放下了，你还抱着吗？"

南无阿弥陀佛的感悟：

如《好了歌》所言，人们都晓神仙好，就是财富、官位、生命、子女、配偶等忘不了。

财富、官位、生命、子女、配偶等，终归于无。

亿万身家，亦不过日食三餐、夜眠三尺，最终也难免水火官盗并逆子五子分金，顿化乌有。智者有言，子孙胜于我，要钱干什么；子孙不如我，要钱干什么？

官位功名之恋，更是无味。古来王侯将相万万千千，如今无不荒冢一堆、默默于野。孜孜以求，若为民造福、建功立业，当予肯定；若为窃位谋私，现实之报在于牢狱，未来之报重在无间、祸及子孙。

贪生怕死，人之本性？然人生不过百年，贪生生不住，怕死死照来。此身皮囊，不过人之衣衫，成住坏空、生老病死，终将一死。贪生何趣，怕死无益。平常以对，自在逍遥。

子女夫妇本为债主，眷恋更是不值。当今，痴痴父母爱儿女者众多，悠悠儿女孝父母者寥寥。夫妇眷属情真意切如梁祝者寥寥，同床异梦各怀鬼胎者不乏其人。信什么海誓山盟，信什么"冬雷震震夏雨雪乃敢与君绝"，无非痴人说梦、一枕黄粱。

还有人家的短短长长、星星点点，以及与人家的恩恩怨怨、是是非非忘不了。

人家短长与星点，是人家之事，与你何干？他脸上有污，洗不洗，他自己决定；你老放在心上，岂不累倒？即便与人家恩怨是非，亦当放下；让他三尺，地阔天宽！

对于上述之理，世人未必不知，就是知而不悔，就是一个——放不下！

大众当知，一切皆是空，万缘当放下。

放下是智慧的选择。俗话云，葫芦挂在墙上好好的，挂到颈上干什么？要明白，抱着太累，背着受罪，担着吃亏，放下真美！

放下是彻底的解脱。搁下手上的，抖出怀中的，卸掉背部的，除去肩头的，涤净心间的，轻轻松松，快乐如仙！

放下是本性的提升。万缘放下，光明照耀，本性如华！少了无谓的贪欲，去了无味的争夺，没了无聊的纠葛，断了无耻的根由，尘埃涤净，本性归来，境界顿转，极乐现前，何其妙哉！

放下是进步的开端。轻装上阵，战无不胜、攻无不克；无欲无求，刚于山大于水，进步之始，成贤之本，成圣之基。

君等放下，归去来兮！

人生感悟

让一切随缘吧！不要让自己负累，放下包袱也许会拥有另一种情怀，无需这么贪婪，无需刻意把握，给自己一片静宜的天空，把情感汇入流沙放归大自然，让心语划过星空把伤感带走，放一首轻快的音乐洗涤心灵的尘埃，放下忧郁，放弃心仪却又无缘的人，放弃一段情，不爱就散了吧！何必给自己套上沉重的心灵加锁，夕阳西下还有再升时，风雨过后总有彩虹再现。学会珍藏昨天，希冀未来。给一片自由的空间，开启另一扇心门，留无奈于天际，把悲伤放逐，让叹息随风，欣赏属于自己的靓丽风景。

愈放下，愈快乐！

放下压力——累与不累，取决于自己的心态

心灵的房间，不打扫就会落满灰尘。蒙尘的心，会变得灰色和迷茫。我们每天都要经历很多事情，开心的，不开心的，都在心里安家落户。心里的事情一多，就会变得杂乱无序，然后心也跟着乱起来。有些痛苦的情绪和不愉快的记忆，如果充斥在心里，就会使人萎靡不振。所以，扫地除尘，能够使黯然的心变得亮堂；把事情理清楚，才能告别烦乱；把一些无谓的痛苦扔掉，快乐就有了更多更大的空间。

紧紧抓住不快乐的理由，无视快乐的理由，就是你总是觉得难受的原因。

放下烦恼——快乐其实很简单

所谓练习微笑，不是机械地挪动你的面部表情，而是努力地改变你的心态，调节你的心情。学会平静地接受现实，学会对自己说声顺其自然，学会坦然地面对厄运，学会积极地看待人生，学会凡事都往好处想。这样，阳光就会照进心里来，驱走恐惧，驱走黑暗，驱走所有的阴霾。

快乐其实很简单，不要自己不快乐就可以了。

放下自卑——把自卑从你的字典里删去

不是每个人都可以成为伟人，但每个人都可以成为内心强大的人。内心的强大，能够稀释一切痛苦和哀愁；内心的强大，能够有效弥补你外在的不足；内心的强大，能够让你无所畏惧地走在大路上，感到自己的思想，高过所有的建筑和山峰！

相信自己，找准自己的位置，你同样可以拥有一个有价值的人生。

放下懒惰——奋斗改变命运

不要一味地羡慕人家的绝活与绝招，通过恒久的努力，你也完全可以拥有。因为把一个简单的动作练到出神入化，就是绝招；把一件平凡的小事做到炉火纯青，就是绝活。

提醒自己，记住自己的提醒，上进的你，快乐的你，健康的你，善良的你，一定会有一个灿烂的人生。

放下消极——绝望向左，希望向右

如果你想成为一个成功的人，那么，请为"最好的自己"加油吧！让积极打败消极，让高尚打败鄙陋，让真诚打败虚伪，让宽容打败褊狭，让快乐打败忧郁，让勤奋打败懒惰，让坚强打败脆弱，让伟大打败猥琐……只要你愿意，你完全可以一辈子都做最好的自己。

没有谁能够左右胜负，除了你。自己的战争，你就是运筹帷幄的将军！

不是所有的梦想都能成为美好的现实，但美丽的梦想同样可以装点出生活的美丽。

放下抱怨——与其抱怨，不如努力

所有的失败都是为成功做准备。抱怨和泄气，只能阻碍成功向自己走来的步伐。放下抱怨，心平气和地接受失败，无疑是智者的姿态。

抱怨无法改变现状，拼搏才能带来希望。真的金子，只要自己不把自己埋没，只要一心想着闪光，就总有闪光的那一天。

纵观古今中外，很多人生的奇迹，都是那些最初拿了一手坏牌的人创造的。

不要总是烦恼生活。不要总以为生活辜负了你什么，其实，你跟别人拥有的一样多。

放下犹豫——立即行动，成功无限

认准了的事情，不要优柔寡断；选准了一个方向，就只管上路，不要回头。机遇就像闪电，只有快速果断才能将它捕获。

立即行动是所有成功人士共同的特质。如果你有什么好的想法，那就立即行动吧；如果你遇到了一个好的机遇，那就立即抓住吧。立即行动，成功无限！

有些人是必须忘记的，有些事是用来反省的，有些东西是不能不清理的。该放手时就放手，你才可以腾出手来，抓住原本属于你的快乐和幸福！

有些事情是不能等待的，一时的犹豫，留下的将是永远的遗憾！

放下狭隘——心宽，天地就宽

宽容是一种美德。宽容别人，其实也是给自己的心灵让路。只有在宽容的世界里，才能奏出和谐的生命之歌！

要想没有偏见，就要创造一个宽容的社会。要想根除偏见，就要首先根除狭隘的思想。只有远离偏见，才有人与内心的和谐，人与人的和谐，人与社会的和谐。

我们不但要自己快乐，还要把自己的快乐分享给朋友、家人，甚至素不相识的人。因为分享快乐本身就是一种快乐，一种更高境界的快乐。

人生感悟

　　命里有时终须有，命里无时莫强求，是你的永远都会笑脸相迎，不是你的永远都冷若冰霜，情非得以也罢，无可奈何也罢，一切都被自己的执着而伤，都因缘而逝，伤感过后，静静的回味曾经拥有的，惬意的享受着那瞬间的美好，心境也因此而开阔，留一份情给自己吧，把每一段美好的回忆都蕴藏在记忆的深处，慢慢地品尝，默默地关注，悄悄地关怀，静静地欣赏，这也许就是放弃的魅力。

人生最美是淡然

　　在滚滚红尘中，能让自己拥有一份淡淡的情愫，过着淡淡的闲情逸致生活，那是人生多么悠然自得的美丽啊！在平常、平凡、平淡的淡淡人生中，让自己的生命鸣唱出最美妙动听的天籁之音，那是生命多么珍贵的闪耀啊！我的生命中，对"淡"字情有独钟，产生了一份特殊的情愫。于是我特别喜欢"淡"字。因为，"淡"字，一半是水，一半是火，水火本不容，却被造字者巧妙地融合在一起，不禁感叹神奇，而意蕴深邃。

淡，是水与火的缠绵，火与水的较量，是碰撞，是交融，虽不互溶，却能让你给我温暖，我给你清凉，相互依存，相互支撑，达到了完美的结合。人生，不温不火的淡，是一种人生心态，欲望无止境，淡定而从容。宠辱不惊，闲看庭前花开花落；去留无意，漫随天外云卷云舒。轻描淡写无重彩，若有若无的淡，更能给人遐想无限的空间。淡淡的我，淡淡的生活，淡淡的爱，淡淡的情、淡淡的心，淡淡的乐，安逸于淡淡的人生。

淡淡的情愫，你像雨后的彩虹，光彩夺目又清新典雅。让人耳目一新。在晴朗的午后，在落日的黄昏，我用眼睛读你，用心灵品你，赏不尽你的精彩——淡淡情愫！

喜欢淡淡的感觉，夜的静美，雨的飘逸，风的洒脱，雪的轻盈。此时的淡淡，是一种意境，不是淡而无味的淡，是人淡如菊的淡，是过滤了喧嚣纷扰后的宁静，是心静如水的淡然，就这样淡淡地感受一份属于自己的天地。心如雨后的天空一样纯静。

喜欢淡淡的人生。淡淡的愁不刺心却千丝万缕，淡淡的寂寞不放纵却独品生命里的无奈；淡淡的思念不纠缠却绵长浓厚，淡淡的牵挂不强求却悠远永久。淡淡的红尘，淡淡的岁月，淡淡而来，淡淡而去。淡淡的人生，悄声吟唱着淡淡的天籁之音。

喜欢淡淡的音乐。那美妙动听之音，是多么的令人心旷神怡。徜徉在音乐的海洋，任情思长上翅膀，飞舞在那片音乐的空灵里。轻柔的歌声如清风，如流泉，如白云，如初春的鹅黄，如仲夏的荷碧，如秋空的明净，如曼雪的轻舞，如梅子时节的细雨。那凄美的乐曲，滤过心尖，丝丝切切，百般悱恻，淡淡绵绵，揉动着多情多感的一怀心事。那一怀淡淡的心事，在歌声中浸染，滋润，在歌声中翩翩起舞。

喜欢淡淡的生活。就让这一份淡淡永远陪着我，不管外面的风风雨雨，惊涛骇浪。不管世事沧海桑田，永远就这样平平静静的生活，平平安安的做事，平平淡淡的做人，不企望流芳溢彩，不奢望妖冶夺人，给生活以一丝坦然，给生命一份真实，给自己一份感激，给他人一份宽容。如此，也许更能体会生活的意义和生命的价值！

喜欢淡淡的心。人生旅途中，淡淡地欣赏旅途中的风光，淡淡地享受自己所拥有的，淡淡地应对人生中的风风雨雨……淡淡地对待一切，一切自然就风轻云淡了。因为淡淡的，所以我快乐着。

但不是快乐的人就没有悲伤的，就像翠竹总要开花，凋折，而四季也总有萌蘖和落叶的时节。只是我把悲伤淡淡地抹在心底，在别人看不见的日子里，把它淡淡地忆起，再淡淡地忘却。平淡的日子最美，平淡的日子最真。只要人甘于平淡，快乐就很容易。

在平常、平凡、平淡的淡淡人生中，让自己拥有一份淡淡的情愫，过着淡淡的生活，淡出一份情真意切的真情来，淡出一份淡雅清香的韵味来，淡出一份坦然宁静的心境来，淡出一份淡泊名利的境界来，淡出一份绵延悠长的爱意来，淡出一份悠然自得的生活来。

人生感悟

宁静淡泊是什么？宁静淡泊是内心超脱尘事的豁达。春风大雅能容物，秋水文章不染尘。淡泊者须有云水气度松柏精神，不为名利所累，不为繁华所诱，从从容容，宠辱不惊，淡泊宁静是修身明志的最佳心灵空调。

万籁俱寂之夜，在素洁的日光灯下，听着一曲曲欢快的音乐，想仔细咀嚼着文字所带来的那种宁静淡泊的滋味。在纷繁复杂的尘世间，拥有一份属于自己的宁静，实在是一种独特的享受。拒绝外来的诱惑，独自徜徉于自己营造的淡泊的氛围里，沏一杯香茗，放一段音乐，让疲惫的身心在静静的宁静中好好地放个假。

加减人生

许多人快到生命终结的时候，为什么总是懊悔虚度了一生，总是假设如果再给他一次生命，他将如何如何？觉得自己不该失去很多，觉得人生还有潜力，只是加法做得不够。可是生命是一次单程不归的旅程，没有后悔药！

那么，人生的"加法"是什么呢？是追求知识、成功、富贵、名利。而生活仿佛是一个容器，总想放很多东西进去来丰富我们的人生，这并没有错，关键是你要放什么进去，你要怎么放。记得有一篇叫《生命中的大石头》的文章，讲了一个如何管理时间的小测验：

先把一堆拳头大小的石块放进广口瓶，直到再也放不进言。其实，还可以放砾石来填满石块的间隙；还可以倒沙子来填充砾石的间隙；甚至还可以把水倒进玻璃瓶……

可见，时间是挤出来的，而人的潜力也是挖掘出来的，所以人生需要加法。只要你努力，不自满，不自卑，给自己定个高一点的目标，跳起来就能完成。信仰、学识、技能、事业，都是生命中的大石头，趁着年轻力壮，早早地放进自己的瓶里，然后再从容地去享受、去游玩、去消遣。如果把这个顺序颠倒过来，那么想装大石头就晚了，只能"老大徒伤悲"了。

但仔细想想，一辈子只是拼命地做"加法"，有了金钱，又要美女；有了豪宅，又要名车；有了地位，还要名声；生怕自己的东西比别人少，没完没了，岂能不累？结果可能生活失调，精神崩溃，并不幸福。

读过一篇题为《生活的篓子》的随笔，很受启发：一个生活沉重的人去见智者，智者给他个篓子，要他背在肩上走一步捡一块石头放进去，看看有什么感觉。等那人走到终点，累得趴下。

智者说，这就是你为什么感觉生活沉重的道理。

我们来到这个世上，每个人都背着一个空篓子，而人的一生，就是不断地往自己的篓子里放东西的过程。如果有了，就想更多，贪得无厌，欲壑难填。只做加法就很悲哀。明智的选择是做"减法"人生。

远离名利、看淡成败、安于淡泊就是减法。老子说，"祸莫大于不知足，咎莫大于欲得。"知足、节制、感恩、惜福、避祸，说的就是人生需要减法。

张良当年历尽艰辛帮刘邦夺天下，功高盖世，可他却毅然辞官不做，归隐山林，享受淡泊的人生乐趣，得以安度晚年。而韩信对人生的期望值很高，拼搏于官场，最终却丢了性命。可见，减法使人消灾。

生命是一道算术题，人的一生不过3万个日子，活一天就会减少一天。功名和财富却随时间推移做着加法。当这两条曲线交叉的那天，生命的显示屏上就会出现0，0乘以任何数都等于0。再多的也都带不走。这就是生命的算术公式，残酷而真实。

人生的加法，给我们加入智慧的光芒，加入品格的力量，加入财富的积累，加入亲情的温馨，使人生更加丰盈。而人生的减法，为我们减去多余的物质，减去奢侈的欲望，减去心灵的负担，减去环境的纷扰，使人生更健康。

人生感悟

　　加法是一种成长，减法是一种成熟。它们是生命中的两个轮子，不可或缺。一个是孔孟"兼济天下"的历史使命和社会担当，一个是老庄"顺乎自然"的内在修养和自我完善。加法减法并用，两个轮子齐转，生命之旅才会风光无限。

淡泊的人生是一种享受

　　有一位中国的 MBA 留学生，在纽约华尔街附近的一间餐馆打工。一天，他雄心勃勃地对着餐馆大厨说："你等着看吧，我总有一天会打进华尔街的。"

　　大厨好奇地问道："年轻人，你毕业后有什么打算呢？"

　　留学生很流利地回答："我希望学业一完成，最好马上进入一流的跨国企业工作，不但收入丰厚，而且前途无量。"

　　大厨摇摇头："我不是问你的前途，我是问你将来的工作兴趣和人生兴趣。"

　　留学生一时无语。显然他不懂大厨的意思。大厨却长叹道："如果经济继续低靡下去，餐馆不景气，那我就只好去做银行家了。"

　　留学生惊得目瞪口呆，几乎疑心自己的耳朵出了毛病，眼前这个一身油烟味的厨子，怎么会跟银行家挨得上边呢?

大厨对留学生解释:"我以前就在华尔街的一家银行上班,天天披星戴月,早出晚归,没有半点自己的业余生活。有一天,我在写字楼里忙到凌晨1点钟才结束了例行公务,当我啃着令人生厌的汉堡包充饥时,我下定决心要辞职,摆脱这种工作机器般的刻板生活,选择我热爱的烹饪为职业,现在我生活得比以前要愉快百倍。"

这样的事例,对于中国人来说是不可思议的。因为,中国人在选择职业时,第一看体面,第二看收入,两者兼得,就足以在人前人后风光炫耀了。成败荣辱,全都摆在面子上,而面子是要人捧的,无人喝彩,就如同锦衣夜行般无趣。可对于西方人来说,无论从事何种职业都没有高低贵贱之分,他们更注重的是对事业的兴趣。而且,自我价值的实现,成功与否的体现,不必通过与别人比较来证实,更不需要别人肯定来满足。

淡泊的人生是一种享受,一个完美的人生,不见得要赚很多的钱,也不见得要有很了不起的成就,在一份简朴平淡的生活中,活得快乐而自在,也是一种上乘的人生境界。

人生感悟

迷茫的时候,我们最需要的是学会安静。急躁只能急出乱子来。迎着迷雾走,要么会走错路,要么会碰得头破血流,何苦呢？学会安静，安静地面对现实，安静地梳理自己纷乱的心绪，安静地等待迷雾散尽太阳出来，你会发现，生活仍然是那么的安详和美好。遭遇迷茫真的并不要紧，怕只怕你的头脑没法安静，任凭自己在灰色的迷茫中横冲直撞。每个人都有迷茫的时候，迷茫往往是成功的前兆。如同早晨有雾的天，必定是个大好的晴天。正视迷茫，然后决然地走出迷茫，成功必将指日可待！

金钱与快乐谁更重要

CEO 说：金钱啊，为了你，我苦苦拼争、从不放弃；如今拥有了你，可过得仍不开心，这又是怎么回事呢？

金钱说：其实，我不属于任何人，从一个主人的口袋到另一个主人的手中。我同样不解：为什么你们已大量拥有了我却还要紧紧抓住不放？在你们的攥握中，我有种透不过气的感觉。告诉你吧，我更乐于待在穷人的手中，因为他们会给我更多喘息的机会。如果你聪明，就适当放放手吧！这对于你和我或许是一件好事、一种解脱。

名利说：我过得也很累，从第一天踏入名利场就从未轻松过，就像上了轨道的车轮怎么也刹不住。有时，我也想像你一样，可现实却不允许自己停止转动，只能这样疯狂地永无止境地前行。

淡泊说：若干年前，我也有过和你同样的感受和经历。有一次，大病初愈的我突然发现健康的珍贵和生命的意义，这是任何名利都换不来的。还有一次，当我手拿一枝玫瑰送给情人时，她一脸不悦地说，别人送一束你却送一枝。这时，我才明白：要是送一束，她会要990朵；要是送990朵，她会要金银首饰；要是送首饰，她会要名车、洋房……总之，永无满足。于是，我最终选择了送一枝玫瑰就让她开心一笑的妻子，这让我明白了一个道理：淡泊的生活才是最真实的。如果你聪明，也可以像我一样轻松，问题是，在你的眼中已容不下像我这样渺小无能的人了。

空虚说：我向来惧怕孤独和寂寞，可一贫如洗的我，没有朋友、没有聚会、没有美酒。为了追求高品味的生活，我开始近乎疯狂地奋斗，终于有了收获，取得巨大成功。可不知怎么回事，反而更空虚了——在美酒的飘香中，在喧哗的聚会上，在朋友的簇拥下，我的心里总是空落落的。我始终不明白，我为什么就无法和你一样地生活呢？

充实说：你的这种感受我没有经历过，这得感谢我儿时的一位伙伴，他叫"真诚"。几十年如一日，无论贫困还是富有，无论顺利还是挫折，他总是陪伴着我。他无形中教会我：不要祈求别人对你如何如何，首先自己要学着先付出一颗真诚的心，那么别人也会同样回报你。有了这种交流和互动，我从未体验过你所说的孤独和寂寞。如果愿意，我可以把这位"伙伴"介绍给你相识，兴许他能让你变得充实和快乐。

CEO 悟语：如果说有金子的日子是亮闪闪的，那么有快乐的日子就是金灿灿的。由此看来，快乐比金钱更重要！

人生感悟

　　有钱未必是幸福的，用金钱购买快乐，固然可以买到一些快乐，但归根结底，快乐是免费的。要如何追求快乐？知足会快乐，快乐增长率比别人高；助人会快乐，因为别人的快乐像镜子，会投射到自己身上；悠闲会快乐，就像鱼，它很快乐；幽默会快乐，只要培养幽默感，经常笑口常开，不快乐都不行。人生观，古今有所不同。现代人，百善"笑"为先。先培养快乐的品德，其他品德，自然就会随之而来。

辑七
繁华过境，往事如烟

　　有些遗憾，在记忆深处盘旋，令我们一生也无法忘怀。踮起脚尖，徘徊在十字路口。该向哪条路的尽头眺望，才可以一瞥你路过时倾城般温暖的微笑？夕阳拖着疲惫的身影悄然安睡，你亦渐渐走远。挥挥手，向空气中尚残留的身影告别。孤独的角落里，小小的身影随着风的呼啸飘散走远。心好冷，可惜血液的温度保留不了昔日的温存。于是，你一低头的转身；便在顷刻间，凌乱了我半世的守候。

最疼我的那个人去了

那天，哥打来电话说，母亲去世了！是突发心脏病。听到这消息，我心里像空了一样。那一刻，想立即就在母亲身边。

那天，县城去镇里的那条只有四十分钟的路，我觉得特别漫长，心跳伴随着汽车的轰响在一分一秒向母亲靠近、靠近。

当我踏进家门时，母亲就躺在她那张宽大的床上。母亲躺着，犹如神祇般安详、坦静。母亲在小憩，我在想。我只想母亲正在睡眠中。我轻轻地走到床边，久久地凝视着，我怕惊动了熟睡中的母亲。我仿佛听到母亲均匀微细的鼻息声。我看着母亲那有些自然卷曲的白发，那静静垂在母亲额头上的几绺银丝。那张像是因沉睡而变得苍白的脸庞坦然、静寂，像天使一般，我希望能够感觉到她起伏的呼吸。

没有一点声息，那么安然宁静。泪，无声地漫过我的脸颊。我看到那叠放整齐、鲜中带着冷色的丝织寿衣，平放在母亲的床边。那叠放在桌子上的白色布匹，正在被人撕扯着。我看到，年迈的父亲，一夜间更加苍老。这个 16 岁就当兵离开家乡，打过无数次仗的老军人看似恬静，但他那对母亲的眷念和不舍都写在了脸上。再也抑制不住自己悲恸的心情，"妈妈呀——"我终于大哭起来。

两个月前，我曾回家看望母亲。在和她闲谈时，母亲讲了一番使我至今不能忘却，也使我追悔莫及的话。母亲用白话（粤语）说："人一旦去了，要火葬，妈怕火葬。不过，眼睛闭上了，什么也不知道，什么也不怕了。"母亲说这些话时神情淡定，就像说，她要出远门了，又不得不去，必须选择的这种唯一的交通工具一样自然。我虽然心里有些难过，但我还是说："妈，您只是手脚不太灵巧，怎么就说这些呢。"母亲平静地笑了说："妈总有一天要去的。不知那时，你会不会在妈身边。"母亲沉静片刻又说："那时，天会很冷。"我透过窗子看着骄阳似火的八月天。我想，母亲在说什么呢。母亲虽然72岁了，但看上去也不算老。母亲中风后，落下后遗症，只是左侧手脚不那么灵活自如，但母亲面部五官正常。那端庄祥和的脸上，也始终带着微笑。有病在身的母亲面色还好，精神也好。我把话题岔开，泪却在眼睛里打转。不想，母亲真的殁于2003年农历十月十六这个入冬的季节。

母亲去了。我生命中最疼爱我的这个人去了。我真的没能在她生命的最后一刻陪在她身边。冥冥中，这似乎是在母亲的意料之中。

母亲去世将近六年了。在今年这个清明时节，我跪拜在母亲的墓前。母亲的身影、母亲的容貌，还有母亲那好听的南腔北调的语音（妈妈，允许女儿说您讲的话是南腔北调的吧），仿佛又在我的耳畔和眼前浮现。母亲的声音宛如天籁。那是已深深切入了我们骨髓的声音。妈妈讲粤语我们能听懂，不是吗？尽管岁月早已改变了我们的口音，但总喜欢妈妈同我们讲，软软的极好听。而妈妈总是要用怎么也讲不准的小城的方言。母亲说：走乡随乡。可有时，母亲不得不用她优雅的手势来表达。几十年来，母亲的声音就是这么飘荡在我们生活的天空中，响彻在我们生命里的每一个领域里。

我，深入浅出地回忆着母亲的点点滴滴，泪水再次模糊我的眼帘，回忆母亲伴随我们生活成长的每一个细节，怀恋那再也无法重现的有母爱的幸福时光。

母亲生性温和善良，是一个非常爱干净整洁的人。母亲一生为了跟随父亲，放弃了在南方一切优裕的条件，义无返顾地和父亲来到中原，来到这个她陌生的小城。为此，从生活上、语言上给母亲带来很多的不便。因此，母亲也失去了太多太多，而母亲说："孩子在哪，家就在哪。"

母亲去了，但母亲那端庄美丽、善良温和、优雅贤淑的身影，却挥之不去。母亲那乐善好施的美德已经传给了我们……

30年前的一个严冬，母亲曾捡到一名奄奄一息的弃婴。

那是我们刚从南方来到中原这个小城后，过的第一个冬天，也是我们第一次看到美丽的雪景。那天，我和姐姐哥哥兴奋地在雪地里嬉闹。我们昂着头，大张着嘴巴迎接从天空中飘落下来的雪花。母亲站在屋门口，冻得缩手缩脚，她揣着给外公外婆写好的信，要去邮局投递。我们兄妹抢着问母亲信中写的什么？母亲说："告诉外公外婆说，老家下雪了。我们看到雪了。冬天这里很冷，雪很美。"我们看着穿戴像熊妈妈一样笨重的母亲缩着手，踩着积雪，脚下发出"咔哧咔哧"的声音，消失在去邮局的路上。等母亲回来时，她已满身是雪。我们笑着说，母亲像雪人一样，但母亲神情有些急切，她双手抱在胸前，站在门口抖动着身上的雪花，急忙走进屋子里，站在炉子旁边，解开大衣的扣子，一个意外使我们惊得目瞪口呆：一个陈旧的小棉被子里包裹着一个小生命，拳头大的小脸冻得发紫，扣子般的小嘴紧闭着，浮肿的双眼紧合着。（当时我小，很害怕）我望着小心翼翼抚弄着小生命的母亲，脱口说："妈妈，娃娃仔，嗨某嗨死噻哇。"（粤语：妈妈，她，她是不是死了？）母亲嗔怒地说："牟德啉广。"（粤语：别胡说）。母亲用温热的毛巾轻轻地擦拭着小婴儿的脸，一遍一遍。又把她裹在胸前用身体温暖着。终于有了"唔哇唔哇"的啼哭声。母亲笑了，后来，母亲把这个婴儿取名"瑛"，乳名"雪儿"。在冬天的雪地里，母亲捡到了这个被遗弃在邮局门口一个大石头堆旁，而过往行人无意问津、视而不见的女婴。母亲抱回去像宝贝一样照顾着，视为亲生。如今，瑛已为人媳，为人妻，为人母，享受着人间的幸福生活。母亲就是这样善良，对那些乞讨到家门口的人，母亲从不冷眼看待，从不大声呵斥。她总是接过那些烂了边缘、或有些污垢的碗，满满盛上饭，再加上菜。有时，还递上一个馒头。女儿嫁人后，每次回家，母亲总教女儿怎样做人。母亲常说：要尊重那边的公公婆婆，孝敬他们；要团结那边的弟媳，处理好关系；要经常和那边的姑子往来，要善待他们；要理解丈夫，体贴他；要教育好自己的孩子。我知道，在母亲面前，我纵使有小小的抱怨和委屈，总得不到伸张，总让我先反思，这就是她做人的标准。遇事我学会了忍耐，学会了先反思自己，宽容别人。我们曾经搬过无数次家，那么多年来，无论我们搬到哪里，母亲和邻里的关系总是相处如初。邻里喜欢母亲做的南方米酒，母亲用心地教给他们那看似简单，可他们怎么也做不出妈妈的味道的小手艺。

　　每年冬天来临，母亲总是要精心地买上好的糯米，在家里做上两瓮米酒。这时，无论我们兄妹什么时候回家，她总是煮上些米酒，再加上鸡蛋，让我们暖胃，驱赶寒气。

　　母亲做的米酒甘甜醇美。无论是同事或是来家玩的朋友、邻居，母亲总是热心地说："尝尝我做的米酒吧。"母亲煮上米酒，加上鸡蛋，客人吃过，赞不绝口。于是，嫁作人妻的我就怀念冬天，怀念每次回到娘家坐在炉子旁，看母亲为我煮制香气袭人的米酒，一边看一边嗅着从锅里慢慢升腾起来的那股似烟似雾的浓浓香味，口水就不自觉地流了出来。

　　虽然现在再也吃不到母亲做的米酒了，但我也不愿从推着自行车沿巷、沿住宅楼叫喊着"米酒啊"的生意人那里买。因为，这吃不出妈妈的味道。妈妈的味道总是飘溢在儿女的唇边，醇香、浓美、甘甜、回味无穷。

　　母亲的爱看似平凡渺小，仔细体会却细润绵长。几十年已经过去，我恍如闺中。在我还是青春年华时期，曾遭受过莫名的伤害，那些流言像子弹一样向我袭来，把我在工作之余对文学充满热爱和幻想视为不务正业，并蒙受那些无法解说的诽言。对于女孩子来说，这无异是最致命的伤害。是母亲一双温暖理解的手，抚摸在我伤痛的心上。夜晚，母亲让我睡在她的身边，半夜在恶梦中哭醒的我，发现母亲一手摸着我的额头，一手放在我的胸口上来回轻轻地拂着说："孩子，做恶梦了吧，不怕，不怕。"我听着母亲温婉的白话，那时刻，我像是受了惊吓的孩子，蜷曲在母亲温暖的怀抱中。有了母亲泰然的处事，中伤者的谣言不攻自破。

我已不再年轻。心总是长不大的我，在母亲离开后，才悟出我永远失去了避风的港湾。才知道，母亲这个迁徙到中原小城的南国女人，已融入了这座小城人的生活，融入了她的子孙生命中的每一滴血液里，最终融入了父亲家乡那片静寂的泥土里。

母亲，不会怪女儿笔力不逮吧！回忆母亲千遍万遍，女儿心中永远怀着那份无限的眷念。母亲，女儿再次给您跪拜！愿母亲在天之灵安息！

人生感悟

母亲是一本无字的书，她教给我们无限的慈爱，也教给我们如何去奉献爱；母亲是一首无声的歌，她默默地劳作，谱写出一曲曲美妙的乐章，播撒着人生的真谛。母亲滋养着人间真善美，洗涮着世上假丑恶。母亲是一团不熄的火，她将自己燃烧，把世界照亮。失去母爱，天地将一片黑暗。

让我们牢记母亲的深沉与博大，无私与温暖。

怀念父亲

父亲走了，在被哮喘病、冠心病等好几种病痛折磨了数年后，终于在2006年中秋节那天，撒手人寰。是结束，也是解脱。

父亲是我的继父。当年，我的亲生父亲去世时，我才3岁。为了生存，母亲带着我改嫁给了他。说起当年母亲与继父的结合，还有一段佳话流传至今。当时的母亲没什么文化，又遭受了丈夫不幸病故的打击，可正当风华正茂的她不但心灵手巧，而且能说会做，上门提亲的人就络绎不绝，有为官的，有经商的，母亲一律拒绝了。母亲本来心意已决，要独自带着我终老其身。强悍的奶奶一直未能打开父亲的病逝是母亲的生辰八字太硬，所以克死的迷信思想心结，多方设计将母亲和我赶出了陈家大门。无奈之下，母亲只好跨出改嫁这一步。母亲的条件很简单，只有一条：要求对方心地善良。可是人心隔肚皮，又如何能一眼看清？母亲带着我在姨妈家寄住了两个月，这期间，母亲常常日出夜访，四处打听，终于听说城南有个男人，兄弟四人，其排行居三，其父亲是县城里很有名望的地主，从小家境殷实，可是解放前夕却因为家境问题带来了灾祸，父辈被打倒，土地财产被政府没收。其他兄弟三人为了自保，纷纷与老父亲划清了界限，唯他没有。他守护着病中的老父亲，日伺三餐，夜掖被角。几年后，老父亲安然过世，他又东拼西凑，借钱安葬了老父亲。老父亲的病一直将他拖到四十岁上还是光棍一条；让老父亲安然入土，又使他负了一身外债。有哪个女人愿意嫁给这样一个又老又穷的男人？

母亲听说这个人的故事后，竟然抱着我找到这个男人，她只对他说了一句话："只要你对我女儿好，我就嫁给你。"对于"穷在街前无人问"的他来说，这真是天上掉馅饼的事情！

就这样，母亲和继父结合了。那一年，他四十一岁，母亲二十三岁，我三岁。很快，我就有了一个妹妹和一个弟弟。

刚结婚时的父亲，性格懒散，没有什么过家庭生活的经验，加上他又是老三届的高中生，嗜书如命，就三天两头地跑到县城中心的一个书摊上去看连环画，一看就是一天。母亲常常和他争吵。记忆中，父亲唯一一次"打"我，就发生在那样的年月。那是个冬天的晴日，他又在书摊上呆了一天，天近黑时才回来。母亲忙完生产队的活计回家来，正忙着喂妹妹吃奶，父亲就问母亲为什么还不做饭。本来就窝着一肚子火的母亲把半岁的妹妹往床上一扔，就和他争吵起来。父亲看见哭得满脸鼻涕眼泪的妹妹，嘴里说了一句："不要就大的小的全不要了。"说着，顺手把站在门边的我提起来一扔，单薄瘦小的我像一片树叶，被父亲的大手扔到门外，额头刚好磕在一块石板上，血"汩汩"地冒了出来。母亲跑出来抱起我，赶紧送到医院包扎。当天晚上，母亲背着妹妹，拉着我，住到了姨妈家。父亲就一天三趟地往城东的姨妈家跑，他的歉疚和诚心在冰天雪地里一趟趟地接受着考验。半月后，在亲友们的劝说下，母亲原谅了他，我们又回到了城南的家。

改革开放以后，没文化但是极有胆略的母亲放弃了生产队的活计，带着父亲下了海。他们一起贩过鸡蛋、药材、粮食，包车把一堆堆货物拉到昆明、贵阳等地，赚来一叠叠票子。短短几年，我家就在县城最繁华的建西路上盖起了门面房，家里有了冰箱、彩电等家用电器。在上个世纪 80 年代末 90 年代初，我们的家境着实让无数人羡慕不已。

可是，父亲的哮喘病却在这个时候犯了，而且很严重，一用劲就喘不上来气。父亲只好赋闲在家，照顾我们姐弟三人的日常生活。母亲单枪匹马，无力再从事原来的生意，只好进了一批服装，早出晚归地在县城邻近的乡镇集市上零售。

1995 年，我们家又经受了一场苦难的考验。那一年，父亲背着母亲帮他的一个同学担保贷款，15 万贷出来不久就被那人挥霍一空。到还款期，那人却神秘失踪了。银行和法院的人就来没收我家的房子。原来，父亲是用我家房产证去做的抵押，母亲也是此时才知道整件事情的原委。在法院的强制执行面前，母亲瞪着一双"霍霍霍"往外喷火的眼睛，斩钉截铁地说了三个字："我还钱。"

母亲辛苦了大半辈子才积下这一座房子，自然不会拿房子去抵账。于是，母亲取出家里的所有积蓄，变卖了家里所有的电器，又东挪西借，凑了十三万多一点，还给银行，银行的人考虑到我父亲受的是不白之冤，也就自认倒霉，赔了1万多元。

自此，我家的境况又跌入深渊。我不得不结束刚开始3个月的大学学业，妹妹也放弃了高中的学习。母亲把父亲赶到城南的老屋里，要与他离婚。已经长大的我们就与亲戚朋友一起劝慰父母。年过半百的他们在打了几个月的拉锯战之后，还是为了我们姐弟三人和好了。

1996年春天，为了帮助家里还账，我告别故乡，背上行囊，只身到了深圳，混入熙熙攘攘的打工人潮中。进厂的第七天，接到父亲的来信，展开信纸，父亲轻唤的一声"梅儿"，竟让我潸然泪下。从3岁到20岁，17年来，父亲从来没有这么温柔地叫过我。印象中少言寡语的父亲，原来内心里也埋藏着如此深情的对女儿的爱。特别是在只身漂泊异地的那时那境，怎不令人感动！

三年后，我与豫西南的丈夫相遇相识，我们情投意合，准备结成百年之好，可我们的婚事却遭到母亲的极力反对。母亲的理由像面墙，横在我的面前：她不舍我远嫁。这时，知书达理的父亲站出来劝慰母亲：女儿长大了，就应该让她自己去选择自己的生活，只要她觉得幸福就行。儿女们生活得幸福，这本来就是父母的初衷，你为什么要阻止自己的女儿去过自己幸福的生活呢？

在父亲的开导下，母亲的心结慢慢开解，同意并操办了我的婚事。

我自 1996 年离开故乡开始，每年总要回乡探亲一次。看着父亲的白发一年多似一年，看着父亲的腰身一年弯似一年，父亲的哮喘病更是日重一日，双眼也患了白内障，看东西一日模糊一日，我心里的隐痛也在日益加剧。2005 年冬天，母亲送父亲到省城去做白内障摘除手术。手术没做成，父亲却被查出冠心病晚期的病灶来，父亲的思想压力立即增大。我三天两头打电话劝慰他，并和他约好年后去接他来北方住一段时日，父亲欣然同意了。

2006 年春节刚过，我买好车票正欲动身去接父亲，母亲却打来电话，说父亲患了极其严重的痢疾病，出行很不方便，等好一点再说。我只好将票退掉。一等又是月余，父亲的病稍好一点，我又被单位派往外地学习 3 个月，回来接着被陷入日常琐事之中，一直到 7 月初，妹妹打电话告知我父亲病重，我才得以推掉一切事务，急匆匆赶到家，陪父亲住了 1 个月。那 1 个月里，我帮父亲洗脚、剪指甲、洗衣服，常常和父亲促膝而谈。我们什么都谈，古今中外，天南地北，父亲讲述的时候，我是一个最认真、最忠实的听众；我描绘的时候，父亲就是一个最慈爱、最包容的长者。我们谈到最多的是弟弟，父亲交待我以后条件宽裕了，要多照顾弟弟，可不能不管他。我承诺父亲，说您放心吧，我一定会尽力而为的。

一个月后，父亲的身体仍然没有好转的征兆，也没有恶化的迹象。放不下北方的工作和家庭，我不得不告别父亲，返回北方继续奔忙。时隔两个月，我接到父亲病重的电话准备再次返回故里，父亲却让母亲阻止我回程，并交待母亲他走后，安静地将他埋葬，不要告诉我。母亲想到我是他的养女，在一个人生和死的大事上，他或者对我心存芥蒂，又不敢跟病重的他细究，只好黯然落泪。

风急火燎的我还是执意回到了家乡，直到跪伏在父亲的病榻前，父亲才气喘吁吁地道出了个中原因。他说我的家庭负担太重，上有同样身患重病的公公，下有刚上小学的孩子，工作忙，离家乡的路途又远，无论是经济还是精力，对于南北奔波的我来说，都是一种极大的透支。母亲就劝慰父亲，说你从小把她抚养成人，如果不让她来看你最后一眼，她将埋怨我一辈子。再说她还年轻，还有很长的时间可以挣钱。父亲心里的担忧才稍有缓减。

这时，我又跟父亲提出了一个上初中那年就提过的请求，想把陈姓改成父亲的顾姓。父亲依然没有同意，并且态度比前一次还坚决。父亲自始至终不同意的理由很简单：一个人有无孝心，跟姓什么没有丝毫关联。是啊，这么多年，父亲待我视如己出、我对父亲尊重有加的感情并没有受到任何有无血脉连接的影响，我又何必在姓氏问题上苦苦不解呢？可我还是在心底做了一个决定：在父亲的墓碑上，我将刻下一个顾姓的名字。

我在父亲病榻前守候的两天半时间里，父亲一直很清醒，说的话不多，都是些日常琐事，没有再提任何放不下的话题。2006年中秋节中午，父亲安然地走完了他的人生旅程，安详地合上了双眼。现在想来，夏天时节的那段相处，是父亲留给我的最后时光，那些话，也是父亲最后的遗言。

父亲这一辈子，心地善良，性情耿直，总是用自己的善良去度量别人。在他的心里，这个世界总是美好的，没有任何桎梏和丑陋。他从来不设防，因此才有了当年被同学欺骗的事件。虽然我和妹妹的学业都被迫中断了，但是我们从来不记恨他，因为我们知道父亲的心，它是那么善良、晶莹、剔透。

父亲走了，永远离开了我，在午夜梦回的时候，我常常记起父亲的音容笑貌，埋藏心里的遗憾就会跳出来，惊扰梦境。遗憾之一：没有实现接父亲来我的小家居住一段时日的诺言；遗憾之二：离家10多年，回去陪伴父亲的时间实在太少了。

"树欲静而风不止，子欲孝而亲不在。"看来，这两个遗憾在我下半生的时光里将要如影随形了。因为，父亲走了，永不再回来了。

人生感悟

　　亲情都是无私的。"树欲静而风不止，子欲孝而亲不在"，作为儿女的我们，尽孝要趁早，不要总是等。因为如果有一天老人走了，就再也回不来了。

母亲是部永远写不完的书

那一年，我的生母突然去世，我不到8岁，弟弟才3岁多一点儿，我俩朝爸爸哭闹着要妈妈。爸爸办完丧事，自己回了一趟老家。他回来的时候，给我们带回来了她，后面还跟着一个不大的小姑娘。爸爸指着她，对我和弟弟说："快，叫妈妈！"弟弟吓得躲在我身后，我噘着小嘴，任爸爸怎么说，就是不吭声。"不叫就不叫吧！"她说着，伸出手要摸我的头，我拧着脖子闪开，就是不让她摸。

望着这陌生的娘俩儿，我首先想起了那无数人唱过的凄凉小调："小白菜呀，地里黄呀，两三岁呀，没有娘呀……"我不知道那时是一种什么心绪，总是用忐忑不安的眼光偷偷看她和她的女儿。

在以后的日子里，我从来不叫她妈妈，学校开家长会，我愣是把她堵在门口，对同学说："这不是我妈。"有一天，我把妈妈生前的照片翻出来挂在家里最醒目的地方，以此向后娘示威。怪了，她不但不生气，而且常常踩着凳子上去擦照片上的灰尘。有一次，她正擦着，我突然对她大声喊："你别碰我的妈妈。"好几次夜里，我听见爸爸和她商量："把照片取下来吧？"而她总是说："不碍事儿，挂着吧！"头一次，我对她产生了一种说不出的好感，但我还是不愿叫她妈妈。

我们大院有块平坦宽敞的水泥空场，那是我们孩子的乐园，没事便到那儿踢球、跳皮筋，或者漫无目的地疯跑。一天上午，我被一辆突如其来的自行车撞倒，重重地摔在了水泥地上，立刻晕了过去。等我醒来的时候，已经躺在医院里了，大夫告诉我："多亏了你妈呀！她一直背着你跑来的，生怕你留下后遗症，长大可得好好孝顺呀……"

她站在一边不说话，看我醒过来，伏下身摸摸我的后脑勺，又摸摸我的脸。不知怎么搞的，我第一次在她面前流泪了。

"还疼？"她立刻紧张地问我。

我摇摇头，眼泪却止不住。

"不疼就好，没事就好！"

回家的时候，天早已经全黑了。从医院到家的路很长，还要穿过一条漆黑的小胡同，我一直伏在她的背上。我知道刚才她就是这样背着我，跑了这么长的路往医院赶的。

以后的许多天里，她不管见爸爸还是见邻居，总是一个劲埋怨自己："都怪我，没看好孩子！千万别落下病根呀……"好像一切过错不在那硬邦邦的水泥地，不在我那样调皮，而全在于她。一直到我活蹦乱跳一点儿没事了，她才舒了一口气。

没过几年，三年自然灾害就来了。为了少一个人吃饭，她把自己的亲生闺女，那个老实、听话、像她一样善良的小姐姐嫁到了内蒙。那年小姐姐才18岁，我记得特别清楚，那一天，天气很冷，爸爸看小姐姐穿得太单薄了，就把家里唯一一件粗线毛大衣给小姐姐穿上。她看见了，一把给扯了下来："别，还是留给她弟弟吧。啊？"车站上，她一句话也没说，火车开动的时候，她向女儿挥了挥手。寒风中，我看见她那像枯枝一样的手臂在抖动。回来的路上，她一边走一边叨叨："好啊，好啊，闺女大了，早点寻个人家好啊，好。"我实在是不知道人生的滋味，不知道她一路上叨叨的这几句话是在安抚她自己那流血的心。她也是母亲，她送走自己的亲生闺女，为的是两个并非亲生的孩子，世上竟有这样的后母？

望着她那日趋隆起的背影，我的眼泪一个劲往上涌。"妈妈！"我第一次这样称呼了她，她站住了，回过头，愣愣地看着我，不敢相信这是真的。我又叫了一声："妈妈。"她竟"呜"地一声哭了，哭得像个孩子。多少年的酸甜苦辣，多少年的委曲，全都在这一声"妈妈"中溶化了。

这一年，爸爸有病去世了。妈妈先是帮人家看孩子，以后又在家里弹棉花，攫线头，供养我和弟弟上学。望着妈妈每天满身、满脸、满头的棉花毛毛，我常想亲娘又怎么样？从那以后的许多年里，我们家的日子虽然过得很清苦，但是，有妈妈在，我们仍然觉得很甜美。无论多晚回家，那小屋里的灯总是亮的，桔黄色的火里是妈妈跳跃的心脏，只要妈妈在，那小屋便充满温暖，充满了爱。

我总觉得妈妈的心脏会永远地跳跃着，却从来没想到，我们刚大学毕业的时候，妈妈却突然地倒下了，而且再也没有起来。

我知道在这个世界上，我什么都可以忘记，却永远不能忘记她给予我们的一切……

世上有一部书是永远写不完的，那便是母亲。

人生感悟

真想把自己化作一团火，温暖母亲的心；真想把自己变成一座山，将母亲的重负托起；真想把自己变成一泓清泉，洗去母亲的倦容，擦亮她明亮的双眼；真想将自己铸成一块钢，为母亲架起通向希望的桥梁，好让母亲跨越苦海，走向光明！

散落在雪夜的母爱

连她自己都不知道她是几个孩子的母亲。

前夜的一场大雪带走了她薄如纸灰的生命。从此，她再也不用在凄风苦雨中浪迹街头，再也不用在世态炎凉中遭受白眼，再也不用在喧嚣闹市中忍受孤独。

她是个患有精神病的老乞丐，约有70岁的模样，经常拖着一条残腿，踽踽着，蹒跚着，在我居住的小区附近垃圾箱里用她那双枯如干枝的手翻找食物。她脸上被风霜雪雨无情地刻划出深深的印痕，犹如条条盛满污水的沟壑。花白的头发由于长年累月不洗而结成厚厚的硬痂。无论春夏秋冬，她身上披着的总是那件破旧得翻卷出棉花的黑棉袄，连扣子都不系，裸露出干瘪得如布袋般曾经奶过孩子的乳房。她除了找东西吃就是躺在垃圾旁或草地里睡觉，怀里总抱着一捆用几乎褪尽颜色的红布扎住的干柴。我从来都没见她抬起眼睛看过从她身旁走过的任何一个路人，也许在她看来，这个世界上只有她一个人，而过路人也大多不屑拿正眼去看她。

听母亲说，老乞丐年轻的时候长得很标致，是个出自书香门第的大家闺秀，在外地某城市工作时嫁给了一位干部子弟，婚后两年为家里添了个白白胖胖的小男丁，一家人欢天喜地。可是，好景不长。3年以后，"文化大革命"开始了，由于出身不好，她被当做"牛鬼蛇神"受尽一切折磨。不久，她就疯疯癫癫、喜怒无常了，没过几天，被婆婆赶出了家门。尽管她声嘶力竭呼天抢地哭喊着，"我不要离开我的宝宝，我不要离开我的宝宝……"尽管她使出浑身解数妄图砸破那扇紧闭的可恶的铁门，可是，她却未能改变自此后被剥夺做母亲权利的悲惨命运。

也许是寻根的本能，使她一路乞讨回到了家乡。可是，她母亲在她回家之前就受迫害而死。她举目无亲，形单影只，又痴又傻，沦落街头。

　　我问母亲，为什么老乞丐的亲生儿子不来找她，母亲叹口气说："她儿子在那座城市是个不大不小的领导，有人告诉过他母亲的现状，可他却说自己从来没有享受过母爱，是他奶奶含辛茹苦把他抚养大的，他母亲早在许多年前死掉了。"

　　就这样，老乞丐孱弱单薄的身影一年年在县城里晃动着，徘徊着，我只是偶尔表示一下同情，在她经常光顾的垃圾箱旁放上几袋饼干或者方便面，而更多时候，几乎是忽略了她的存在。可就是在这样一个老乞丐身上，却发生了令我刻骨铭心、灵魂震颤的一幕。

　　一天下班回家，远远地，我听到一个小孩子哭喊着找妈妈的声音，前面有个两三岁的小女孩边走边大声啼哭。一定是大人没有看好，孩子自己走出了家门。我将自行车猛蹬了几下。就在这时，突然发现那个老乞丐放下她经常抱着的干柴，从对面蹒跚着也向小女孩走去；我生怕她神志不清会伤害孩子，就跟她抢速度。没想到，在我下自行车的瞬间，她闪电般伸过双臂把孩子抱在怀里，盘坐在地上。

　　"好孩子，乖宝宝，不哭不哭……"她那在平日里混浊失神的眼睛突然放射出光芒，那光芒足以驱散寒冬的阴冷，足以融化冻结的冰霜，充满了我从未见过的慈爱，那是一种母性的光辉，难怪走累了哭倦了的孩子能够在她怀里安然地躺着停止哭泣。她腾出一只手，脱下身上仅有的那件御寒的破棉衣，盖在孩子弱小的身体上。而她则裸露着上体，松弛干老的皮肤就像粗糙的枯树皮，在寒风中被一层层地剥落。我分明听到了那瑟瑟抖动而发出的声响，可她的脸上却漾着幸福满足的微笑。随后，她用脸紧贴着孩子红扑扑的面颊，一只手缓缓拍着孩子的背。一会儿，她又目不转睛地注视着孩子，那深陷的眼窝汩汩流淌着暖暖的爱意。许久，她的目光都不肯从孩子的脸上挪开，生怕孩子会突然从她眼前消失。她的手颤巍巍地挪到孩子的脸上，轻轻抚摸着，抚摸着，如同抚摸一件易碎的稀世珍宝。她干裂苍白的嘴唇嗫嚅着，像是喃喃自语，又像是跟孩子说话。随后，她抱紧孩子，闭上眼睛，沉浸在无限的幸福之中。两行热泪弯弯曲曲在她阡陌纵横的脸上。或许，是眼前这一幕勾起了几十年前她曾经做过母亲的美好回忆；或许，是这个小女孩让她捕捉到与自己失散多年的孩子的气息；或许……或许根本没有那么多或许，她对小女孩的爱完全出自一个女性、一个母亲潜在的爱的本能。天下的母亲都是一样的，无论她是贫穷的还是富有的，无论她是健康的还是患病的，无论她是幸福的还是不幸的，她们都会发自本能地散发出母性的光辉，让人感受到暖暖的爱流。我早已潸然泪下了。

"你这个老乞丐，快放开我的孩子！"一个尖锐的女声突然划响在耳边。随后，就看见一个年轻女子一把从老乞丐手中夺走了孩子！

"孩子，我的孩子……"老乞丐凄厉的哭声回旋在飘满落叶的灰色天空，或许是几十年前被夺走儿子的那幕又闯进了她曾经麻木的记忆里，她踉踉跄跄追赶着，哭嚎着，摔倒在冰冷的马路上。许久，她站起身，仿佛从梦中醒来，又恢复了原先那种木然神色，捡起地上散落的干柴和红布。这时我才看清，那褪色的红布原来是一个小孩子的兜肚。她弹去兜肚上的灰尘，把干柴重新捆好，紧紧抱在怀中，踽踽着，蹒跚着，渐渐消逝在夜色里……

我也是个母亲，心早已被这一切深深刺痛着。从此，我对老乞丐满怀的是敬重，而绝非原来单纯的同情了。可是，自那天以后，我就再也没有见她来过这里捡东西吃。

"经常在我们小区附近捡垃圾的那个老乞丐死了，听说，前天夜里死在了城北的雪地里。"下班时，从邻居的闲谈中我才知道她永远离开了这个世界。

在那个冰冷的雪夜，她静静地躺在野地里，对孩子无尽的思念和无边的爱像一串长长的珠子渐渐断落，散落在雪地上，随着凛冽的朔风，飘扬在凄清阴黑的午夜。

人生感悟

父母对于孩子的牵挂是无时无刻的，不管任何时间，任何地点。文中的老乞丐带着对孩子的思念走了，再也不用在凄风苦雨中浪迹街头，再也不用在世态炎凉中遭受白眼，再也不用在喧嚣闹市中忍受孤独。

你爱我，我知道

（1）

面对诊断结果，若蓝眼前忽然一片漆黑，脑子里却是一片空白，天塌了的那种感觉。她才 36 岁，人生还没走到一半呀！

包里的手机却在这个时候响起来，好像是个错觉，世界上所有的声音和画面在这时都像一种错觉，可电话却响个不停。

路过的人推推她："电话，电话！"若蓝一个愣怔反应过来，茫然地在包里摸索了半天才摸出电话，按了接听键，没等开口，女儿童童就在电话那端冲她嚷："妈你在哪呢，也不回来做饭，饿死我了，真是的……"

12 岁的丫头，发起脾气来有板有眼的，说完还"哼"地一声把电话挂了。

若蓝一个激灵，世界在这个瞬间恢复正常。她知道眼前要紧的，是回去给童童做晚饭，吃完饭，童童还要补课，马上要升中学了，又要学书法和钢琴，时间紧得让一家人透不过气来。

若蓝把诊断书塞进包里匆忙往外走，听到身后医生追出来说：

"回去赶紧办理一下病休手续来住院吧，可不能再拖了。"

若蓝装着没有听到，也不回头，脚下的步子更快了。

（2）

童童正坐在沙发上撅着嘴巴胡乱摁着遥控器，看到若蓝进来，遥控器一丢，又开始嚷："妈你看看几点了，都快来不及了……"

若蓝一边换鞋子一边卷袖子，然后包一丢冲进厨房，刚要淘米，忽然想起什么，心里一咯噔，犹豫了一下转身走到门边，表情严肃地说："童童，进来！"

童童站起来不解地看着若蓝，歪着头问："进去干吗？"

若蓝伸手把童童扯进来，说："从今天起，你要跟我学做饭。以后要学会自己照顾自己，还想让我给你当一辈子保姆啊，哪有这样的孩子……"

若蓝几乎是喊叫着跟童童说话，说得童童一愣一愣的，没等反应过来，却看到妈妈忽然掉了眼泪。

"妈，你怎么了？"童童心里有点怕了，小心翼翼地问。

若蓝才意识到什么，慌忙把眼泪擦去。童童抿抿唇不敢再说话，只是一直都觉得疑惑，听着妈妈认认真真一个步骤一个步骤地讲着做饭的程序，最后背课文一样背给她听。若蓝确定童童记住了，才松口气，放童童出去。

终于，童童吃过饭去补课了。若蓝一屁股坐下来，再度腿软心也软，可忽然抬头看到墙上挂着的童童100天时的放大照片，便又打起精神，拉开抽屉找出一个厚厚的笔记本，想了想，开始写一些东西，边写边絮叨：毛衣在第三个抽屉、袜子在最下面的抽屉、卫生巾买绿色包装的护舒宝、来例假不能喝凉水、公交车卡充值在南京路 32 号总站；有事先打爸爸的电话，打不通就找姑姑；要尊重长辈，尊敬师长，尊重残疾人，尊重没有钱的人，更要尊重自己……

丈夫应酬完回来时，若蓝还继续趴在那里飞快地写着什么，头都没抬。丈夫打趣："是不是偷着写日记呢？"若蓝笑笑没应声。

丈夫又问："该接童童了吧？"

"不接。"若蓝依旧没有抬头，"我跟她说了，让她自己和同学结伴走回来。"

丈夫奇怪起来："不接你怎么会放心？"

若蓝白了丈夫一眼："我说了不接就不接，以后不再接送她了，她是大孩子了，这样的事让她自己去做。"

丈夫愣在那里，半天，诧异地问："若蓝你怎么了？"

若蓝忽然顿住，怔怔地呆了半天，叹口气，说："明年单位可能会派我去外地工作，你现在那么忙，我想让童童自立一些。"

丈夫舒口气，想了会儿点点头，回身坐下来。

（3）

童童觉得妈妈从那天晚上起整个人都变了，从一个最好脾气的妈变成了脾气最坏的"恶婆婆"。更让童童受不了的是毕业考试刚刚结束，妈妈就开始让她做所有的家务——洗衣服、做饭……不是让她学，而是让她亲自去做，妈妈在旁边看着。

到底只是 12 岁的孩子，有一次童童实在受不了了，洗着洗着菜一下把洗菜盆丢出去老远。还有一次她干脆大声叫嚷，把碗砸了好几个……这样的时候若蓝反而不发脾气，只是一言不发地看着童童，任她哭闹，完了，若蓝把东西收拾起来重新摆在她面前，要童童继续翻炒锅里的菜……

那年的暑假，童童觉得自己过得苦不堪言，好像忽然落在了书上写的后妈的手里了，发狠上了中学就住校，不再回来受若蓝欺负。

（4）

起初，若蓝还打开电脑到处查找与自己的病相关的资料，大体都看了一遍后就再也不上网了。许多次的查找结果是一样的，诊断出来的病，即使做了手术，最好的结果，用药物维持着，能撑三五年就算奇迹。不做手术，只有一年或者一年半的时间。最后一次关闭电脑的时候若蓝下了决心：放弃治疗。她不想让童童看到她在残存的光阴里一直以痛苦的姿势躺在病床上，她怕那样会从此带走童童生命中的微笑。她要把治病的钱省下来留给女儿。

决定后，若蓝把所有的积蓄买了好几家保险公司推出的教育储蓄。她没有对丈夫说，一个人忍着越来越清晰的痛楚。

终于吃到了童童做的像样的一顿饭，小丫头很不情愿，听着若蓝的赞叹始终一言不发，直到若蓝说，周末把同学都叫来吃童童做的饭好吗？童童的眼神才亮了起来。

若蓝帮着童童准备了晚宴，同学来了一帮。童童的脸上带着掩不住的喜气。若蓝趁机发表言论：童童是个好孩子，她听话，懂事，又自立；你们也都是好孩子，是童童的好朋友，希望你们以后能互相照顾，互相关心，永远都做好朋友。

小孩子们噼里啪啦地鼓掌，童童脸上露出久违的笑容，小声说："妈，你今天晚上真漂亮。"

若蓝也笑，摸着童童毛茸茸的小脑袋，说："这些日子妈对你太严厉了，可是妈想让你做个骄傲的小孩。有本事的人才有资格骄傲，才会让人尊重和羡慕，知道吗？"

童童吐吐舌头，大度地说："算了算了，我不跟你计较，谁让你是我妈。"

若蓝心酸无比，孩子在对她粗暴脾气的容忍中，不知不觉学会了宽容。她微笑，以此掩饰身体内越来越剧烈的疼痛。

（5）

暑假过后，童童一下子长大了很多，独立生活的能力让她自己都感觉到吃惊。她有说不出的欣慰。秋天的时候，若蓝终于撑不住倒下了。丈夫将她送去医院，医生大发脾气，然后无奈地摇头，做手术已经来不及了。

丈夫眼前一团漆黑，脑子一片空白，感觉天塌了一般。若蓝却非常平静，无非是该来的结局到来了，早一天晚一天而已。而此时，她已经不用再害怕，几分钟前童童还打电话过来，问："妈，晚上你和爸想吃什么啊？"又说："给你和爸买几双袜子吧，我觉得78%精梳棉的那种就挺好穿的……还有啊，妈，我给那个男孩回信了，他觉得我说得对，他说等他过了18岁再追我……"

若蓝的心缓缓放下，对丈夫说："走吧，咱们别在这里，咱们回家。"

两个月后，入了冬，童童过13岁生日。吹蜡烛的时候，童童说："妈你放心吧，我长大了，会照顾好自己照顾好爸爸。"

那一刻，所有的坚持和伪装全部崩溃，若蓝的眼泪像脱了缰绳的野马般地洒下来。

若蓝在一个下雪的晚上离开了。童童在若蓝身边安静地坐了很久，没有哭，只是坐在那里，后来慢慢把脸贴到若蓝已经没有任何温度的胸口上，小声说："妈，我听到了。你爱我，我知道。"

人生感悟

　　也许我们都是普通人，无法阻止生死离别，可我们能够用持久的耐心和绵密的关怀，去缝合每一个走远的亲人，留住她的温暖。

天堂里的至亲，你们和好了吗

对于大姐，我的印象并不深。只能从零星的记忆中搜索到父亲经常从集镇上给我带回好吃的东西时，大姐却只能偷偷地躲在一边露出羡慕的眼神。到8岁那年，我才从爷爷、奶奶的口中得知，大姐生于1968年，在我上面还有一个哥哥叫小东。

1974年，大姐因为照看3岁的二哥没有留神，导致二哥落入大队的粪坑里溺死。在那个重男轻女的年代，作为家里独生儿子的父亲自然把所有的过错都推到了大姐身上。二哥的离去使得大姐在一夜之间似乎成了这个家里多余的人，不论大姐做什么事，不论大姐做得对与错，换来的都是父亲的冷眼，有时甚至是重重的巴掌。

记得有一次，父亲和母亲在地里干活儿，直到傍晚，才拖着疲惫的身体回到家。这时，大姐已经为父母端上了晚饭。可父亲刚夹起一口菜后，就冲大姐发起脾气来："菜咋炒这么咸？你说你能干个啥？"说着，父亲把筷子啪地往桌子上一放，开始数落起大姐来。大姐像做错事的孩子，呆呆地站在桌旁，一个劲儿地掉泪。其实，像这样挨骂受训的日子，大姐早已学会了逆来顺受。此时，她除了流泪，还能怎样呢？那天晚上，大姐没有吃饭，枕头湿了一半。

后来，又有了二姐。直到 1978 年，我的出世才让这个家多了一些欢笑。然而，大姐的命运却没有因为我的到来得到一丝改变。父母从来不让大姐接近我，至于享受和我在这个家庭里同样的优待，那就更不用说了。即使这样，大姐仍苦苦支撑着，努力救赎着自己当年所犯下的过错。

在大姐 16 岁那年，初中毕业的她本来可以就读市里在当时算来比较好的护士学校。可当奶奶好不容易说服父亲时，倔强的大姐却流着泪水撕毁了手中那张完全可以改变她一生命运的录取通知书。

在家里帮父母做了两年农活后，大姐突然不辞而别。

父亲在大姐离家出走后的第一年，仿佛一下子就苍老了 10 岁。大姐走后的日子里，我曾无数次看见父亲偷偷地拿着大姐儿时的照片，呆呆地看着，看着……其间，爷爷、奶奶也曾多次劝说让父亲想办法把大姐找回来，可固执的父亲却好像始终没有任何行动。与以往不同的是，父亲每年都会出去"看病"，而且一去就是一两个月。

短短的几年里，父亲为"治病"几乎花光了家里所有的积蓄。其实，我心里明白，儿女都是父母的心头肉，父亲虽然表面不在乎大姐离家出走，可事实上父亲的内心却无时无刻不在为自己当初的鲁莽而自责内疚。父亲"治病"，也只不过是要面子的他偷偷找大姐的一个幌子而已。

1988年春末的一天，我正在教室里上课。大姐突然出现在我的眼前。那一刻，我几乎不敢相信自己的眼睛。大姐还是记忆中的样子，只不过时年已经20岁的她脸上全然找不到一丝朝气，反而多了一些那个年龄不应有的沧桑，多了一丝不安和忐忑。

我知道，大姐是想家了，想爸爸，想妈妈了。我紧紧地拉着大姐的衣角，像攥住一只小燕子，我怕大姐再次从我身边溜走。可那时的我毕竟年纪还太小，根本不懂如何去安慰大姐，只是不停地重复着一句话："姐，咱们回家吧！姐，咱们回家吧！"可大姐却摸了摸我的头，只是默默地流泪，始终不肯跟我回家。

当我和大姐说着话刚走到学校门口时，正好遇到了从大队卫生室打完针顺路来捎我回家的父亲。两个人没有久别重逢的喜悦，没有只言片语。父亲冷冷地望了大姐一眼，一把将我拖上自行车扭头而去，身后传来了大姐低声的抽泣。而父亲沟壑纵横的脸上也挂满了泪水。

几天后，村里一位和大姐同岁的女孩儿抱着孩子回娘家。父亲紧跟在她后面走了很远很远。我心里清楚，如果大姐没有离家出走的话，父亲也该抱上外孙了，而外孙应该也有这么大了！

1994年，我考上了本地的一所师范学校。正当父亲为我高达几千元的学费焦头烂额的时候，一张来自深圳的汇款单如雪中送炭般飞到了我家。落款竟然是大姐的名字。

父亲得知是大姐寄来的钱后，默默地叹了口气。第二天，便让二姐把钱取出来又汇回给了大姐。

随着开学日期的临近，父亲更加忙碌了。今天帮东家盖房子，明天帮西家打玉米地，为我积攒着学费。开学的前一天，父亲屋里的灯一夜未灭，迷迷糊糊的我只听到父亲一声接一声的叹息……

第二天，当父亲领着我来到学校，把一沓零零整整的钱交到收费处，嗫嚅着正要对收费人员求情看能不能缓些补齐我的学费时，收费人员看到我的名字后却先开口了："学费他姐姐已经从深圳汇来交上了！"

父亲听到这话，先是愣怔了一下，继而低下了头。回到家，父亲闷闷地喝着酒。那天，从来不沾酒的父亲喝醉了，而且醉得一塌糊涂。

两年后的一天，父亲忽然从屋里柜子的底层拿出了一捆东西，是用报纸包的钱。父亲叫过我，说："这是6000元钱，你给她寄去吧！"听着父亲的话。我的心猛地一颤：给她寄去？父亲竟然连大姐的名字都不愿意提及了，这在我看来，该是一种怎样的绝情呀！可我也知道，那笔大姐寄来的钱，多年来一直压得父亲喘不过气来。而今，他终于了却了一桩心事。

我给大姐打了电话，并把钱寄了过去。大姐没说什么，只是在电话里不停哭泣。而电话这头的我，却不知道应该说些什么来安慰她。

我知道，父亲和大姐之间的情感纠葛或许用一生的时间都无法化解。

2000年底，我要结婚了。我打电话问大姐，你能回来参加我的婚礼吗？电话那头出现了短暂的沉默，过了一会儿，大姐说，还是算了吧！祝福你，弟弟！

几天后，我接到了大姐从深圳寄来的2000元贺礼。

随着父亲年龄的增长，再加上常年疾病缠身，父亲的身体越来越差，有时人也变得糊涂起来。特别是从去年开始，父亲每次吃饭总要让母亲多摆上一副碗筷，而且有时家里人都坐齐了，他还是不吃饭，嘴里不停地呢喃着，再等等，再等等……

犹豫再三，我拨通了大姐的电话。当我把父亲病危的消息告诉大姐时，大姐哽咽得不能言语。第二天，大姐便急匆匆地踏上了归家的汽车。然而，谁也料不到的是，在回来的途中，大姐乘坐的大巴意外地出了车祸，大姐不幸遇难。

整理大姐的遗物时，我无意中发现了几本厚厚的日记本和一张大姐与我的合影。翻开日记本，字里行间无不流露出对父亲、对家人的无限思念。抚摸着这张照片，泪眼蒙眬中，我仿佛又看见了大姐。

如今，大姐和父亲已相继离我而去。我常常在想，不知道远在天堂里的大姐和父亲是否早已消除隔膜，和好如初了？我还常常想，人世间的恩恩怨怨，为何就不能早早化解？尤其是血浓于水的亲情，为何要留下那么多的遗憾？

人生感悟

　　有的时候，我们真幻想时光可以重来一次，那样的话就可以重新选择一切，面对相同的时间里发生的相同的故事不会再重蹈覆辙，不会再走伤心路。懂了遗憾，就懂了人生。遗憾是人生的必经之路，但还是希望大家都能少一点遗憾，该说的话要说，该做的事要做，该回报亲情的时候就要义无反顾地回报，不要为自己找任何借口，要知道，时间不等人。

为谁错过人生的绚丽

（1）

　　第一次觉得她庸俗是在那次逛街时，她在卖衣服的摊前拽着一件大红的小衫不肯放下，我的反对，她的坚持，僵持在那个乱哄哄的小集市上，显得格外滑稽。

　　最后还是她让了步，在我身后闷闷不乐地走着，嘴里嘟囔着："下次再不和你出来逛了，我买件衣服你也管。"

　　我也生气，"你多大年纪的人了，穿得比女儿都鲜艳，也不怕别人笑话。"我是真的搞不懂，她从什么时候变得如此偏爱这种大红大紫的衣服。

放假回家，我用打工赚来的第一笔钱为她买了一件真丝衬衫，素白的底，淡雅的花，本以为她会很喜欢，可是她只试穿了一下便脱了下来，从此放在柜子里再不见天日。一开始，我以为她是不舍得穿，后来我才知道，是她不喜欢。她宁愿去地摊上买一堆花花绿绿的衣服，映衬出不合时宜的艳丽，也不愿意穿我觉得适合她年纪的衣服。

这种不懂她的时候越来越多，突如其来，又好像是一直存在着的。我买回新鲜的热带水果给她，满心欢喜地等着她称赞水果和我，可她的第一句话却是："这玩意儿多少钱一斤？中看不中吃，你这孩子咋这么不会过日子呢？"那心疼的表情让我觉得自己是个挥霍无度的败家子。那堆水果的处境比我还要委屈，在冰箱的一个角落被冷落了半个月，直到有了腐烂的气味只能扔掉。结果，最心疼的还是她。

其实，我只是想让她过更好一点的生活，因为她带我走过的那些年，实在是旁人无法想象的辛苦。

（2）

她下岗那年，我还在念初中，生活正是处处用钱的时候。她只在家待了三天，便跑到公路旁卖汽水，那些过路的长途汽车上的旅客是她每天的希望。闷热得狗都不愿意动弹的午后，她就抱个小白箱子，在车来车往的马路边卖汽水。一天中最热的时候，汽水总会好卖一些。

　　我读书的学校就在这条马路的不远处，所以每天中午或傍晚放学的时候，总要从那里经过，偶尔，就会看到她瘦弱的身体站在炙热的太阳底下，穿一身素净的衣服，抱着白得耀眼的箱子，脸上是蓄势待发的紧张。

　　她的嘴唇总是干的，因为要不停地微笑，不停地问车上的乘客："要不要汽水？来一支冰棍儿吧。"但是她自己从不舍得喝一口汽水或吃一支冰棍儿。

　　若是刚好看到我，她会抽着空急急地奔过来，递给我一瓶打开的汽水，叮嘱我早些回家，她已经把饭做好。

　　次数多了，就会有和我同路的伙伴问："她是你妈？"语气里是不确定的鄙夷，可即使是不确定，年少敏感的心还是清楚地感受到了。随之而来的委屈和怨愤，自然不会转嫁到同学身上，我只会在吃晚饭的时候，装作不经意地告诉她："以后我要从另一条近路回家，有同学做伴。"声音很小，字字仿佛从心间艰难地穿过，说完我便后悔，心虚地低着头不敢看她，但她只是"哦"了一声，便继续吃饭。第二天，在我书包的里侧，是她塞好的一瓶汽水。其实，她怎么能不知道，那另一条路离家并不近。

　　那段日子，我们的生活黯淡得就像她一直穿着的灰突突的衣服，每天如影随形地罩在身上，没有一丝明亮的光泽。而年少敏感的我，就这样生硬地绕开了她，把她的爱，也一并挡在了我的视线之外。可是每天晚上，她还是照例坐在我旁边，将那些大小不一的小票子一张张展平，遇到哪天生意好，她便会摇一摇手里的钱，高兴地对我说："看，今天挣了这么多呢，过几天给你买条裙子吧。"我也会随着她的欢喜而笑起来，可是心底里，不知为何总是泛出些辛酸的小泡，将那刚刚生出的快乐一点点腐蚀掉。

（3）

我是在学校里听说她出事的，是一个好事的同学，在班里兴奋地叫嚷着："那边卖汽水的两个女的打起来了，一个胖的和一个瘦的，打得好厉害，好多血呢，救护车都来了……"我心里一沉，脑袋里嗡的一声，似乎感觉到别人嘴里那个瘦的，被打得很严重的女的一定就是她。

我顾不得上课，一路狂奔到医院，脑袋里想到了所有最坏的可能。看到她时，她正躺在医院素白的床上，头上缠了一圈一圈厚厚的绷带，眼睛微闭，像是睡着了，又像是……我大声叫她："妈—"她一个激灵醒来，一眼看到我："你怎么没在上课？"她努力让自己看起来没什么，可声音却无力得好像一团空气。"你怎么……你怎么跟人打架？"顷刻，我的委屈和担心化作了不成句的哭腔。她不说话，只有泪流出来，我抱住她大哭起来。

其实，我明白她的泪，这么多年，家里没有一个男人，只靠她一个人，拼命地支撑着这个家，吃喝拉撒，我的学费……都是她一分一毛和别人争抢来的。

从那天起，我才知道自己有多么怕失去她，那些年少的虚荣和自尊，终究还是在她强大的爱面前，化作了对她的珍惜和报答。

我考上大学那天，她高兴得落泪，那天她没有出去卖汽水，而是在家里为我做了一桌好菜。我对她说："妈，从今天起我自己赚钱，你再也不用那么辛苦了。"她一个劲儿地给我夹菜，红着眼圈儿不肯让我看见，嘴里不停地说着："妈还能再挣几年呢，你好好念书。"

我上的大学在离家很远的城市，那么遥远的距离，每天再也看不到她瘦弱素白的身影。可是走在马路上，看到有公共汽车停下，我总是习惯地回头，好像那里还有瘦弱的她抱着一个耀眼的白箱子，流着汗叫卖着。这样看着，眼泪就不自觉地涌出来。

（4）

我一直以为这么多年过去，在经过那些黯淡岁月之后，我早已明白了她的艰辛不易，并且能尽我的努力让她过上更好的生活，但其实我一直没读懂她的心。

我从来没有想过，她以前总穿素白的衣服，是因为在太阳底下能凉快一些，她最喜欢的，其实是没有机会穿上的绚丽颜色。而我，也许早已习惯了她不着颜色的穿戴，便以为那些过于艳丽的衣服穿在她身上是不合适的。可是她一直是喜欢着的，哪个女人不曾迷恋过那些艳丽张扬的颜色，总会有那样一个阶段吧，可是她的那个阶段，就在炙热的太阳底下，在粗糙的生活里，被生生地忽略掉了。

她其实从未改变，只是我不曾真正了解。她走过的半生，一直都待在那个闭塞的小城，日复一日地赚钱养家，而我，是从她手心渐渐跑远的小孩，离她的世界越来越远。

她的爱，早已默默无声，相比之下，我那些张扬又自以为是的孝心又显得多么轻浅和矫情。我以为把所有她未得到的补偿给她，就是孝心，但对于一辈子一分钱掰两半来花的她而言，这样的孝心就像那件真丝衬衫，华丽却不够贴心。

其实，她早已把生命最绚丽的颜色给了我。这么多年，留在她自己身上的，是洗得发白的黯淡底色。她想要找到的，只是寻常缺失掉的美丽。我想，即使这一生也无法读完她的爱，我也要赶在她并不鲜艳的年纪，让她拥有她应该得到却为我错过的绚丽时刻。

人生感悟

可怜天下父母心，孩子永远都是母亲心中的宝贝。哪怕有一天，孩子长大了，可以自由地去飞了，依然是被母亲紧紧包围着。我知道有些母爱甚至会成为溺爱，可谁能狠心去指责一颗单纯的母亲的心？请好好珍惜每一位母亲用生命呵护你们的心，那是世上最深沉的爱。

7天的幸福＝最后的幸福

我曾做过一周的志愿者。那时，成都的志愿者活动正开展得如火如荼。我正好难以打发时间，就报名了。志愿者委员会告诉我，要用一个星期的时间，去陪一个艾滋病患者聊天，这一工作他们称之为"温暖关怀行动"。

经过半个月的培训，我们进入了柳荫街一家毫不起眼的医院。虽然培训时听医生说过，普通的接触并不会感染艾滋病，可我还是有些紧张。

将要和我聊天的艾滋病患者是一个几乎从不开口说话的青年，他比我小一岁，从艺术学校出来的。

我走进了这个叫苏岷的艾滋病人的房间。他静静地靠在病床上，一动也不动，望着窗外。

"我是志愿者，我会在今后的七天里，每天来陪你聊天，你有什么愿意和我聊的，我们可以聊。"

回应我的，是令人难堪的沉默。

良久，苏岷转过身来，冷冷地逼视着我："你不觉得是在浪费时间吗？"说完这句话，他又把头调了回去。

我愤怒起来，转过身，跑出了病房，全然不顾身后志愿者委员会刘主任的询问。

第二天，刘主任打来电话告诉我，苏岷其实是一个很有才华的青年，只是在一次输血中意外地感染了艾滋病毒。刘主任希望我能坚持下去，因为与苏岷比，我们幸福得多。

放下电话，我站了起来，准备到医院去。出门以前，我看到了自己以前放在墙角的画板，想了想，我背起了画板。

来到医院，苏岷仍旧是一个人，无人作陪。

"我知道你不想说话，我也不想说，不过我的任务是必须陪满七天，所以，我只好找点事来打发时间，我看不见你的脸，就画你的背影吧。"

画完的时候，也到了我要离开的时间。我取下画纸，放在了他的身旁——"送给你。"然后离开了医院。

第三天，我走进病房的时候，苏岷还是看着窗外，听到我进来的声音，他转回头，苍白的脸上终于浮现了笑容："你画得不错。"

"不是不错，是很好。"我回敬他。

"我以前也学过画画。"苏岷淡淡地说。

"是吗？那你可以画画呀，要不，你今天就画我吧。"我有些自作主张，"反正我带着画板。"

"行。"

第三天，我们就说了几句话，苏岷却为我画了一幅画。

第四天，我们没有画画，苏岷给我讲起了他的故事。在病情被确诊之后，家人把他送到了这里。从此，再也没有来看他。

每天，他都在数窗外的树叶，直到他数了２９０天，才有一个人来看他。那个人就是我。

第五天，我提议苏岷和我一起来画一幅画，我说："不能走出去，我们可以画窗外的景色呀。只要是看得到的，我们可以全部画下来。我们画了窗外的花园，阳光从树梢洒下了，留下斑驳的树影。

第六天，我们画了树上的小鸟和花园里芬芳的花朵。

第七天，我和苏岷画完了从这个窗户里视线所及的景色：几个天真的孩子正在花园里做着游戏。

就在这一天，我也不得不告诉苏岷，过了今天，我就不会每天都来了，因为我的志愿者活动结束了。

在离开的时候，我说："苏岷，你可以拥抱一下我吗？"

他有些犹豫，但是我却毫不犹豫地拥抱了苏岷，然后，轻声说："再见。"

一个月以后，我再次走进苏岷的病房时，苏岷的床是空的。

护士告诉我，一周以前，苏岷去世了。她们交给我一封信，是苏岷留给我的。

谢谢你！在我待在这里等死的日子里，我每天都在数窗外的落叶，直到有一天你来看我。想想我们一样年轻，而我却不能再像你一样拥有美好的生活，我就对死亡充满了恐惧。你来了，用你的笑容让我感受到了温暖。

也谢谢你的画，我离开的时候，把它们带走了。希望在天堂里我也能看到这些画，还能继续画天堂的景色。

谢谢你，这七天给我的幸福感觉。

走出医院，我深深呼了一口气。

我只给了苏岷七天的时间，却从来不曾想过，我给了他最后的幸福。

人 生 感 悟

生命有时候不在于长度，而在于宽度。对于大部分人而言，七天的时间可能只是生命中的一个小片段，但对于有些人来说，这七天可能是他生命中最快乐的一段时光。生命是否精彩，取决于自己的心态，当心门被打开的时候，也就是阳光进来的时候。

总有一种情让你泪流满面

"有些东西，试着再多争取一次，也许它就会是你的；有些东西，无论你怎么呼唤，可能都不会再回来了，可至少当你再多呼唤一次的时候，心灵里总会有个地方因为感动而颤抖，那一瞬间的情景与复杂的感情会定格成永恒，留在心里，成为此生的难忘记忆。

结婚后她一直给他做洋葱吃：洋葱肉丝、洋葱焖鱼、香菇洋葱丝汤、洋葱蛋盒子……因为她第一次去他家，他母亲拉了她的手，和善地告诉她——虽然他从不挑食，但从小最爱吃的是洋葱。

她是图书管理员，有足够的时间去费心思做一款香浓的洋葱配菜，但他却总是淡淡的。母亲为他守寡近20年，他疯狂爱着的女子母亲却不喜欢，他对她的选择与其说爱，不如说是对自己孝心的成全。

她似乎并没有什么察觉，百合一样安静地操持着家，对他母亲也照顾得妥帖周到。婚后第四年，他们有了一个乖巧可爱的女儿。

平滑的日子一日日复印机一样地掠过，再伤人的折磨也钝了。当初流泪流血的心也一日日结了痂，只是那伤痕还在，隐隐的，有时半夜醒来还在那里突突地跳。

那天他去北京开学术会，与初恋情人巧玉相遇。死去的情爱电石火花般啪啪苏醒。相拥长城，执手故宫，年少的激情重新点燃了一对不再年轻的苦情人。

巧玉保养得圆润优雅，比青涩年少更多丰韵，一双手指玉葱般光滑细嫩。在香山脚下他给她买了当年她爱吃的烤地瓜。她娇嗔地让他给剥开喂到她的嘴里，因为她的手怕烫。七天很快过完，他回家，记得她娇艳如花的巧笑，记得她喜欢用银匙子喝咖啡，记得她喜欢吃一道他从没吃过的甜点提拉米苏。

母亲已经故去，他不想太苛待自己了，每年他都以开会或者公差的名义去北京。妻子单位组织旅游的时候，他还甚至让巧玉来过自己的家。他的手机中也曾经爆满火热滚烫的情话，甚至他们的合影曾经被他忘在脱下的上衣口袋里，待了一个多星期……可这一切都幸运地没有被发觉。

平地起风云，妻子突然被查出得了卵巢癌，已经是晚期了。住进医院后，女儿上学需要照顾三餐，成堆的衣服需要清洗，家里乱成一团糟。那次他在家翻找菜谱时，在抽屉里发现了一个带扣的硬壳本子。打开，里面竟然有几根玄红的长发。妻子一向是贴耳短发，自结婚以后。他好奇地看下去，原来这是他和巧玉缠绵后留下的，还有那些相片，妻子一直都知道，因为从来没让他的脏衣服过夜。他背着妻子做的一切，妻子都心如明镜，却故作不见。几乎每页纸上都写着这么一句话：相信他心里是爱着我的。后面是大大的几个叹号。

他心里一片空茫地去医院，握住妻子磨粗的手，问她想吃什么。妻子笑着说，你会做什么菜，去给我买一份鸭血粉汤吧。她每天做好了他爱吃的洋葱，熨好了他第二天穿的衬衣，在家等他，二十多年了，他却从来不知道在南方长大的她爱吃鸭血粉汤。

妻子走后，他掉魂一样地站在厨房里为自己做一道洋葱肉丝。他遵照她的嘱咐将洋葱放在水里，然后一片片剥开，眼睛还是辣得直流泪。当他准备在案板上切成细丝时，眼睛已经睁不开，热泪长流。他从来不知道那样香浓的洋葱汤，做的过程这么艰难苦涩。七千多个日子，妻子就这样忍着辣为自己做一份洋葱丝，只因为他从小就喜欢吃。而巧玉那双保养得珠圆玉润的手，只肯到西餐店拿匙子吃一份提拉米苏。当年，母亲是怎样洞若观火了妻子能给予他的安宁和幸福。

傍晚时分，一个站在九楼厨房里的男人拿着一瓣洋葱流泪发呆，他终于知道真正的爱情就像洋葱：一片一片剥下去，总会有一片能让你泪流满面……

人生感悟

死生契阔，与子相悦，执子之手，与子偕老。这样的爱情很少，也许每个人都希望自己拥有这样的爱情，可是当幸福在你身边时你是否珍惜了呢？错过了才珍惜还来得及吗？不是有很多错过一时而错过一生的例子吗？当爱情降临时，走过路过千万不要错过。

5 件梅花毛线衣

18 岁那年，他因为行凶抢劫，被判了 5 年。从他入狱那天起，就没人来看过他。母亲守寡，含辛茹苦地养大他，想不到他刚刚高中毕业，就发生这样的事情，让母亲伤透了心。他理解母亲，母亲有理由恨他。

入狱那年冬天，他收到了一件毛线衣。毛线衣的下角绣着一朵梅花，梅花上别着窄窄的纸条：好好改造，妈指望着你养老呢。这张纸条，让一向坚强的他泪流满面。这是母亲亲手织的毛线衣，一针一线，都是那么熟悉。母亲曾对他说，一个人要像寒冬的腊梅，越是困苦，越要开出娇艳的花朵来。

以后的三年里，母亲仍旧没来看过他。但每年的冬天，她都寄来毛线衣，还有那张纸条。为了早一天出去，他努力改造，争取减刑。果然，就在第四个年头，他被提前释放了。

背着一个简单的包裹，里面是他所有的财物——四件毛线衣，他回到了家。家门挂着大锁，大锁已经生锈了。屋顶，也长出了一尺高的茅草。他感到疑惑，母亲去哪儿了？转身找到邻居，邻居诧异地看着他，问他不是还有一年才回来吗？他摇头，问："我妈呢？"

邻居低下头，说她走了。他的头上像响起一个炸雷，不可能！母亲才40多岁，怎么会走了？冬天他还收到了她的毛线衣，看到了她留下的纸条。

邻居摇头，带他到祖坟。一个新堆出的土丘出现在他的眼前。他红着眼，脑子里一片空白。半晌，他问妈妈是怎么走的？邻居说因为他行凶伤人，母亲借了债替伤者治疗。他进监狱后，母亲便搬到离家两百多里的爆竹厂做工，常年不回来。那几件毛线衣，母亲怕他担心，总是托人带回家，由邻居转寄。就在去年春节，工厂加班加点生产爆竹，不慎失火，整个工厂爆炸，里面有十几个做工的外地人，还有来帮忙的老板全家人，都死了。其中，就有他的母亲。

邻居说着，叹了口气，说自己家里还有一件毛线衣呢，预备今年冬天给他寄出去。

在母亲的坟前，他顿足捶胸，痛哭不已。全都怪他，是他害死了母亲，他真是个不孝子！他真该下地狱！第二天，他把老屋卖掉，背着装了五件毛线衣的包裹远走他乡，到外地闯荡。

时间过得很快，一晃3年过去了。他在城市立足，开了一家小饭馆。不久，娶了一个朴实的女孩做妻子。

小饭馆的生意很好，因为物美价廉，因为他的谦和和妻子的热情。每天早晨，三四点钟他就早早起来去采购，直到天亮才把所需要的蔬菜、鲜肉拉回家。没有雇人手，两个人忙得像陀螺。常常因为缺乏睡眠，他的眼睛红红的。

不久，一个推着三轮车的老人来到他门前。她驼背，走路一跛一跛地，用手比划着，想为他提供蔬菜和鲜肉，绝对新鲜，价格还便宜。老人是个哑巴，脸上满是灰尘，额角和眼边的几块疤痕让她看上去面目丑陋。妻子不同意，老人的样子，看上去实在不舒服。可他却不顾妻子的反对，答应下来。不知怎的，眼前的老人让他突然想起了母亲。老人很讲信用，每次应他要求运来的蔬菜果然都是新鲜的。于是，每天早晨六点钟，满满一三轮车的菜准时送到他的饭馆门前。他偶尔也请老人吃碗面，老人吃得很慢，样子很享受。他心里酸酸的，对老人说，她每天都可以在这儿吃碗面。老人笑了，一跛一跛地走过来。他看着她，不知怎的，又想起了母亲，突然有一种想哭的冲动。

一晃，两年又过去了，他的饭馆成了酒楼，他也有了一笔数目可观的积蓄，买了房子。可为他送菜的，依旧是那个老人。

又过了半个月，突然有一天，他在门前等了很久，却一直等不到老人。时间已经过了一个小时，老人还没有来。他没有她的联系方式，无奈，只好让工人去买菜。两个小时后，工人拉回了菜，仔细看看，他心里有了疙瘩，这车菜远远比不上老人送的菜。老人送来的菜全经过精心挑选，几乎没有干叶子，棵棵都清爽。只是，从那天后，老人再未出现。

春节就要到了，他包着饺子，突然对妻子说想给老人送去一碗，顺便看看她发生了什么事。怎么一个星期都没有送菜？这可是从没有的事。妻子点头。煮了饺子，他拎着，反复打听一个跛脚的送菜老人，终于在离他酒楼两个街道的胡同里，打听到她了。

他敲了半天门，无人答应。门虚掩着，他顺手推开。昏暗狭小的屋子里，老人在床上躺着，骨瘦如柴。老人看到他，诧异地睁大眼，想坐起来，却无能为力。他把饺子放到床边，问老人是不是病了。老人张张嘴，想说什么，却没说出来。他坐下来，打量这间小屋子，突然，墙上的几张照片让他吃惊地张大嘴巴。竟然是他和妈妈的合影！他5岁时，10岁时，17岁时……墙角，一只用旧布包着的包袱，包袱皮上，绣着一朵梅花。

他转过头，呆呆地看着老人，问她是谁。老人怔怔地，突然脱口而出。

他彻底惊呆了！眼前的老人，不是哑巴？为他送了两年菜的老人，是他的母亲？那沙哑的声音分明如此熟悉，不是他的母亲又能是谁？他呆愣愣地，突然上前，一把抱住母亲，嚎啕痛哭，母子俩的眼泪沾到了一起。

不知哭了多久，他先抬起头，哽咽着说看到了母亲的坟，以为她去世了，所以才离开家。母亲擦擦眼泪，说是她让邻居这么做的。她做工的爆竹厂发生爆炸，她侥幸活下来，却毁了容，瘸了腿。看看自己的模样，想想儿子进过监狱，家里又穷，以后他一定连媳妇都娶不上。为了不拖累他，她想出了这个主意，说自己去世，让他远走他乡，在异地生根，娶妻生子。

得知他离开了家乡，她回到村子。辗转打听，才知道他来到了这个城市。她以捡破烂为生，寻找他四年，终于在这家小饭馆里找到他。她欣喜若狂，看着儿子忙碌，她又感到心痛。为了每天见到儿子，帮她减轻负担，她开始替他买菜。一买就是两年。可现在，她的腿脚不利索，下不了床了，所以，再不能为他送菜。

她眼眶里含着热泪，没等母亲说完，他背起母亲拎起包袱就走。他一直背着母亲，他不知道，自己的家离母亲的住处竟如此近。他走了不到 20 分钟，就将母亲背回家里。

母亲，在他的新居里住了三天。三天，她对他说了很多。她说他入狱那会儿，她差点儿去见他父亲。可想想儿子还没出狱，不能走，就又留了下来。他出了狱，她又想着儿子还没成家立业，还是不能走；看到儿子成了家，又想着还没见孙子，就又留了下来……她说这些时，脸上一直带着笑。他也跟母亲说了许多，但他始终没有告诉母亲，当年他之所以砍人，是因为有人污辱母亲，用最下流的语言。在这个世界上，怎样骂他打他，他都能忍受，但绝不能忍受有人污辱他的母亲。

三天后，她安然去世。医生看着悲恸欲绝的他，轻声说："她的骨癌看上去得有十多年了，能活到现在，几乎是个奇迹。所以，你不用太伤心了。"他呆呆地抬起头，母亲居然患了骨癌？

打开那个包袱，里面整整齐齐地叠着崭新的毛线衣，有婴儿的，有妻子的，有自己的，一件又一件，每一件上都绣着一朵鲜红的梅花。包袱最下面，是一张诊断书：骨癌。时间是他入狱后的第二年。他的手颤抖着，心里像插了把刀，一剜一剜地痛。

记得白岩松有一本书叫《痛并快乐着》，我却要说："母爱，让我痛并感动着！"

人生感悟

母爱是人世间最真挚、最纯洁、最珍贵、最永恒的感情。母爱是世上任何幸福与甜蜜所无法替代的。人在一帆风顺的日子里，也许体会不到母爱的真正价值；但在绝望无路的时候，就会感受到母爱无处不在，无时不在。

坦然面对人生的寻常离别

　　很小的时候，她就听身边的人说她是要来的孩子。椴树开花时，赶花人丢下了她，然后又赶别的花去了。她回家问他。他说：听他们瞎说！然后就拉她到镜子前，指着一大一小两张脸说：别人家的孩子谁能长得跟我一样漂亮？

　　她笑了，镜子里的他刀条脸，又黑又瘦，实在与漂亮沾不上边，但她信了。从那以后，谁说她是捡来的，她会大声告诉那人：除了我爸，谁能生出这么漂亮的孩子来？那人于是笑了，闭上了嘴。

　　他是小学的老师，似乎除了教孩子什么也不会。她常常听妈嘟囔他这做得不对那干得不好。但他爱看书，常常她睡一觉醒来，还看到他床头的蜡烛依然亮着。她跟着他，也看那些书，虽然看不懂，但是她喜欢。他就这样教会了她喜欢。

　　她8岁时，家里又添了弟弟妹妹。她自然会在放学后带弟弟妹妹。有时，弟弟顽皮，打碎了水杯花瓶，妈妈会责备她。她一个人在墙角掉眼泪时，就想起那些大人说的话，心里隐隐的有了怨恨，在父母弟妹跟前却加了几分小心。比如吃饭，看到家人搁下了筷子，她就赶紧放下手里的碗去收拾饭桌，即使没吃完，也不再接着吃。比如家里买了好吃的，三份儿分得一样多，她也总是把自己的再分成三份儿，分给弟妹。

这一切，被他看在眼里。他把她拉到了弟妹和妈妈面前，说：从今天起，谁也不能拿我大姑娘当小丫头使唤了，她得好好上学，将来还要上大学呢！

从那天起，他总是找书让她读。很快地，家里的书被她读完了，他就千方百计地借来书给她。妈妈说：家里有一个书呆子就够了，这又出来一个。她知道妈是说爸，他就爱看书。

读书辛苦，他常常会偷偷在她的书包里放上半块威化巧克力。那是小卖店里卖两毛钱一块儿的，弟妹都很少吃到。因这些照顾，她的内心有了一份自豪，是公主一样的感觉。他就这样教会了她骄傲。

初中时，因为画画的特长，她到很远的地方考艺校。他理所当然的陪她去。9月，正是连雨天，路塌了好长一段，他们的车被堵在半路上。北方的秋天来得早，路边的树叶有的都红了。她看到远处有一棵披红装的树格外漂亮，随口说了句：爸，你看那叶子多漂亮，做书签一定特别好。

转眼间，他就跑向了远处。一车的人都在看他。40几岁的他略微发福了，身子有些笨拙。他很小心的往前走，她的心一直提着。车上的人说：这可都是草滩，一不小心掉进沼泽里就糟了。她想喊他回来，可是最终没喊出来。

他举着一根漂亮的树枝回来时，车上的人都为他鼓起了掌。有个50多岁的老太太很严肃地对他说：可不能这样惯孩子，她要天上的月亮也去给她摘吗？

他笑了，把树枝递给她。远看那样美的树叶，近看居然千疮百孔。他说：这就像我们羡慕别人的生活，以为别人都比自己幸福，其实每个人都不容易。

这话，她记住了。

他就这样教会了她知足。

艺校最终没去成。那年高考结束后，她与朋友去西山写生，下山的时候一不小心摔伤了，脚踝处骨折。妈唠叨她：挺大个姑娘不在家好好等分数，出去疯跑。不争气的泪水顺着她的脸恣肆汪洋。他宽大的手拍着她的背：姑娘，哭什么哭，怕出事就不出去玩了，这是什么逻辑？妈妈瞪了他一眼，出去给她买吃的了。他和她眨眨眼，不约而同地笑了。

高考录取通知书来时，她可以拄着拐杖慢慢走了。但是怎么去学校呢？她的嘴上起了一层水泡。他说：有你老爸呢，怕啥？

那天，火车临时开了背对站台的车门。据说这样的事，坐100次火车也不会碰上一回，但就是被他们赶上了。赶车的人都大步从车头绕过去。背着她，他略略犹豫了一下，然后说：丫头，你趴好喽！近50岁的人，怎么爬过去呢？她不敢喘气。可是他弯下身去，手扶住一根枕木。铁路段的人拿着手电筒照了过来，父亲喘着粗气说：我女儿腿坏了，爬不动！那人叹了口气，说：快点儿吧，我帮你看着，小心碰着。父亲从火车下面爬出来时，她已经泪流满面了。

坐在车上，惊魂未定，她说：如果那时火车开了，咱们就都完了。

他点着了一根烟，说：人哪有那么容易就完了呢？

他就这样教会了她从容。

读他写来的第一封信时，她哭了。他在信里说了很多话，都是生活里细得不能再细的事，难得的是他都替这个粗心的女儿想到了。

旁边有人递过来一块手帕，她接了，说：真的再不会有第二个人对我这么好了。却听到他说：会有的，一定会有的。抬头，看见刀条脸，却是斯文的白。她破涕为笑。

她写信告诉他她恋爱了。隔了一周，她正在睡午觉时，他打来电话问男友的相貌人品。她说都还好。他在话筒那端说：还好不行，一定要找个真心对你的。她喊了一声爸，然后泪如雨下。都说爱情是块伤，哪会像他这么好的。

没几天，他匆匆赶来。她心里有些怨他这样兴师动众，只不过是孩子般地相处一下，哪到谈婚论嫁的地步了？

见过男友，他冲冲地回来，对她说，丫头，你眼力不错，他是个能让你终身依靠的人。她笑他迂腐，才开始，怎么想到终身了？和他撒娇说：是急着把你这个姑娘嫁出去了？他摸了摸她长长的头发：哪有一辈子在父母身边的。她的心一酸，眼泪又掉了下来。却点点头，她知道，他总是对的。他就这样教会了她要面对人生的寻常离别。

大学毕业那年，暑假要去面试，她破例没回家。打电话给家里，接电话的总不是他。妈说着各种各样的理由。她的心怎么也安定不下来，男友说：回去看看吧！

进门第一眼就看见桌上他的照片上围了黑纱，她只叫了几声"爸"就晕过去了。

醒来恍然见到他端来水，叫她大姑娘。弟说：爸听说谁家有个亲戚在你念书的那个城市里管点事，去找人家帮你找工作，结果就被车撞了……

泪怎么也止不住，她不过是身陷爱情中，竟忘了给他打电话，告诉他她已经找好工作了……

他说过，他死后要埋在一棵松树下。她和弟弟妹妹捧着骨灰在河边的一株大松树下安葬了他。她站在树前，双膝跪下，说：爸，这世上再不会有第二个你了。她知道他还有一件事没告诉她：她真的是赶花人丢下的孩子。很小时，她听到他对周围的邻居说：她还小，我们养了她，就是她的父母。

她也没来得及告诉他：是不是亲生的父亲都没关系，因为再也不会有人比他更爱她。

他就这样，用他一生的爱，教会了她感恩。

人生感悟

人们常说，父爱是一座山，高大威严；父爱是一汪水，深藏不露；父爱更是一双手，抚摸着我们走过春夏秋冬；而

> 父爱更是一滴泪，一滴饱含温度的泪水。
>
> 　　父爱没有延长的柔水，没有体贴温馨的话语，不是随时可以带在身边的一丝祝福，也不是日日夜夜陪你度过的温度，父爱是一滴血，概括了全部的语言。

弟弟，天堂里能否有大学

在我 3 岁那年，父亲患了一场重病，没捱多久便去世了。那一年，弟弟两岁，母亲从此没再嫁。

6 岁的时候，母亲将我和弟弟一起送进了小学。从此，我和他形影不离。初中、高中，始终在一个年级，一个班，我们总是相互鼓励、共同进步。

1994 年夏天，家里同时收到了两份大学录取通知书。全村都炸开了锅，我们一家人更是高兴得手舞足蹈。可是没兴奋多久，母亲便犯愁了。近万元的学费，对于我家来说，无疑是个天文数字。母亲卖了家里所有的猪、鸡、粮食，又翻山越岭东家西家去借，直到报到前几天，才凑了 4000 多块。

一天夜里，母亲把我和弟弟叫到一起，还没开口眼泪就流了出来："娃儿啊，你们双双考上大学我很高兴，可是，家里这个经济能力，即使娘去卖血，也只能供你们一个人去念书了……"

我和弟弟在一旁静静地听着，默不作声。许久，弟弟低声地说："姐姐去。"我看了看弟弟，他的脸涨得红通通的，一副义无反顾的模样。母亲用衣袖擦了擦眼泪，没有做声。

我对母亲说："还是让弟弟去吧，我最终是要嫁出去的。"我知道自己说这话有多么的言不由衷。上大学是我们农村孩子的唯一出路，我做梦都想跳出"农"门。

弟弟说："还是你去吧！我在家里多少算个劳动力，还能够帮娘下地干活，好供你读书。如果我去了，你们两个在家能够供我吗？"

争论了很久，还是没有决定。那个夜晚，外面很静，静得可以听见屋内每个人在床上辗转反侧的声音。

第二天，弟弟很早就起了床，他站在堂屋里说："娘，还是让姐姐去吧，她上了大学，将来才可以嫁个好人家。"声音不大，却足以让屋里的每个人听得流泪。

我和母亲起床后，在桌上发现了一堆纸屑——是弟弟的录取通知书，已经被撕得粉碎。他帮全家人做了一个最后的决定。

送我上火车的时候，母亲和我都哭了，只有弟弟笑呵呵地说："姐，你一定要好好读书啊！"听他的话，好像他倒比我大几岁似的。

1995 年，一场罕见的蝗灾席卷了故乡，粮食颗粒无收。弟弟写信给我，说要到南方去打工。

弟弟跟着别人去了广州。刚开始，工作不好找，他就去码头做苦力，帮人扛麻袋和箱包。后来，在一家打火机厂找了份工作，因为是计件工资，按劳取酬，弟弟每天都要工作十几个小时甚至更长，这是后来和他一同去打工的老乡回来告诉我们的。弟弟给我写信从来都是报喜不报忧。

每个月，弟弟都会准时寄钱到学校，给我做生活费。后来干脆要我办了张牡丹卡，他直接把钱存到卡上去。每次从卡里提钱出来，我都会感觉到一种温暖，也对当初自己的自私心存愧疚和自责。

弟弟出去后的第一个春节，他没有回家，提前写信回来告诉我们，说春节车票不太好买，打工返乡的人又多，懒得挤，而且春节的时候生意比较忙，收入也会相对高一点。我知道，他哪里是嫌懒得挤车，他是想多省点钱，多挣些钱，好供我读书啊！

弟弟后来又去了一家机床厂，说那边工资高一点。我提醒他："听说机床厂很容易出事的，你千万要小心一些。等我念完大学参加工作了，你就去报考成人高考，然后我挣钱供你读书。"

大学终于顺利毕业了。我很快就在城里找了份舒适的工作。弟弟打来长途电话祝贺我，并叮嘱我要好好工作。我让弟弟辞职回家复习功课，准备参加今年的成人高考，弟弟却说我刚参加工作收入肯定不多，他想再干半年，多挣一些钱才回去。我要求弟弟立即辞职，但弟弟坚持自己的意见，最后我不得不妥协。

我做梦都没想到，我的这次妥协却要了弟弟的命。

弟弟出事时，我正在办公室整理文件，电话铃响了，一口广东腔，隐隐约约听得出那边问我："你是黎兵的姐姐吗？"我说："是，你有什么事吗？""你弟弟出事了。请你们马上过来一趟。"我的脑袋"嗡"的一下就大了。赶忙问出了什么事？那边说，由于机床控制失灵，黎兵被齿轮轧去了上身半边，正在医院抢救。

我和母亲连夜坐火车赶赴广州。当我们跟跟跄跄地闯进医院时，负责照顾弟弟的工友告诉我们，弟弟已经抢救无效，离开人世了。母亲当时就晕倒在地上。

在医院的停尸房见到了弟弟的遗体。左边肩膀、胸部连同手臂已经不在了，黑瘦的脸部因为痛苦而严重变了形，那种惨状让人几度晕厥。

弟弟生前的同事告诉我们，在医院抢救之际，弟弟还要我们千万别通知他的家人，他说不想让你们担心。

清理弟弟的遗物时，在抽屉里发现了两份人身意外伤亡保险，受益人分别是母亲和我。母亲拿着保险单呼天抢地："兵娃啊，娘不要你的钱，娘要这么多钱干啥啊！娘要你回来！你回来啊……"

还有一封已经贴好邮票的信，是写给我的：姐，就快要过春节了，已经3年没有回家，真的很想念你们。现在，你终于毕业参加工作了，我也可以解甲归田了……

弟弟走了很久，我和母亲都无法从悲痛中走出来。不知道天堂有没有成人高考，但是每年，我都会给弟弟烧一些高考资料去，我想让他在天堂里上大学。

感恩父母给予我们生命的伟大,感谢生活给予我们认识的机会,造就幸福,把握幸福,用心的付出是活着的意义。

信仰活着的意义,使你的亲人宽慰到你活着的美丽。

人生感悟

亲情是什么?是甘甜的乳汁,哺育我们成长;是明亮的双眸,指引我们前进;是温柔的话语,呵护我们的心灵;是严厉的责罚,督促我们改错。我们离不开亲情,有如高飘的风筝挣不脱细长的绳线;我们依赖亲情,有如瓜豆的藤蔓缠绕着竹节或篱笆;我们拥有亲情,有如寒冷的小麦盖上了洁白的雪被,温暖如春,幸福如蜜。

亲情是荒寂沙漠中的绿洲,当你落寞惆怅软弱无力干渴病痛时,看一眼已是满目生辉,心灵得到恬适,于是不会孤独。便会疾步上前,只需一滴水,滚滚的生命汪洋便会漫延心中。

愿天堂也有人爱你

人生的某些片断的确是因缘,缘有时也能改变人的一生,涛就改变了她的一生。

认识她是在一家网吧里，当时他们为了争一处好的位置而争吵起来，最后是涛看在她还算漂亮的份上让了她。就这样他们认识了。从那以后，在那家网吧涛常能见到她，而她也常坐在涛的周围。

涛就这样相识相知相恋了她。她的名字叫雪，很美丽的名字。雪有一口标准的普通话，更显出她深深的美丽与涵养。雪是南方人却有北方女孩的大方。一天她忽然转过头来说道：我很幸福。涛问为什么？她说因为你在喜欢我！语气很肯定，很有自信的样子。涛笑了，问她你喜不喜欢我呢？你猜？我猜不到。你是个大傻冒！涛笑了，很开心！那天是 2006 年春天的一个下午。走出网吧，涛一直在想她说的话，心中甜美极了。在春天的阳光下，从清澈的水里，涛看到自己有了一张幸福的脸，现在还有点冷呀，为什么涛心中很温暖呢？

涛一直对自己说是为了换一个生活方式才来上海打工的，是为了改变人生的价值，要好好努力呀，可不能为了儿女私情而把握不住自己呀，可那江南风景太美，涛经不住她的袭击，他成了她网中的鱼。他们相爱了。南京路、外滩、东方明珠塔、人民广场的情人墙等地方都有他们的足迹，那是相依相偎的证据。

涛在一家网络公司打工，也不难，对于网络混迹 3 年多的他来说，只是一天干到晚，很辛苦。她心疼了，不让他去了，说她能开支他的生活。她家条件很好，父母都是大官。涛没说什么，只是抱着她，他感觉他们的爱情中好像有点铜臭味，可涛看出她清澈的眼里流露的是真诚的爱，涛无言。

在一个星期天，涛搬进了她租来的一间房子里，那里就是她所说的：我们的家。家离她们大学不远，每天放学后，她像小鸟一样欢快地飞来，他们就在上海的大街小巷里乱转，快乐极了。涛依然去那家电脑公司上班，下班回家时，她肯定在小屋里等着他，涛不时会给她买一些小东西，她会意外地高兴。她每月从家里拿1500元生活费，涛每月也有1000多，所以小日子也过得甜美。

快乐的时光总是短暂的，不知怎么的，她的父母知道了他们的事，也了解到涛只不过是一个来上海打工的北方穷小子。很自然她的父母反对他们在一起。

她失去了自由，涛不能再见到她了。涛曾打算在上海就这样生活一辈子算了，为了她，也为了自己。可人生的许多道路不是由自己安排的，雪的父母找到涛说只要他离开他们的女儿，他们可以给他2万元。说涛不能给他们女儿以幸福，她们女儿还要出国深造，涛不能断了她的前途。又说你们不是门当户对，就算在一起将来还是要离婚的。

涛没有要她们的钱，只是想一个人静静，有时间再回答他们。涛一个人在南京路上闲逛，任眼前人车匆匆从他身边走过，泪水满面，他不知道怎样才好，悲伤却又矛盾，是啊，他能给她什么呢？突然一双温柔而又颤抖的手抱紧了涛。

在霓虹灯下，两行晶莹的泪水顺着她的脸流下来，滑落在冷冷的南京路上。你怎么出来的？她不说话，只是紧紧地抱住了他。他们相拥着，静静站在南京路上。涛很想将他们的爱情进行到底，可涛知道自己没有这个能力。

涛知道她也是痛苦的，他不忍心再为她增加负担和痛苦，涛决定悄悄离开这座繁华的都市，逃出她的视线。第二天，涛留下一封信，带着一颗破碎的心匆匆回了北方。

回到家乡不久，涛就在乡里谋得了一份差事。

时光冲不淡思念，涛的梦里总有她的影子和紫色的衣裳。涛每天都在给她写信，从春到冬，早已是厚厚一堆，可一封也没寄出。涛也曾多次拿起电话筒，但始终没有拨下那个让他心动的号码。

今年夏天，涛决定再去上海，不为什么，只为了却心中的心愿或增加一份痛苦。然而涛去晚了，雪已在半月前离他而去。雪的室友用很沉很沉的声音告诉涛：你是世上最没有良心的男人！她吃了大量的安眠药，在思念你的梦中离开了人世。然后，拿出一捆信砸给涛。那些是雪写给涛的信，每封信上都写着："查无此人，退回"。那是涛老家的地址，当然也查不到他了。整整100封，涛抱着，很沉，很沉。有一封是这样写着：涛，我受不了了，我已无心读书，成绩也越来越跟不上了。昨天，我突然发现校园里所有的叶子都绿了，而你就像那飘走的冬天的树叶不知去了何方。我现在最爱去的是淮海路，在那里可以想象你存在的影子。我真想换一种方式活着，也许死了真的也就万事皆空了。

没有遗书，只有这100封信，这是她22岁生命的全部。她始终没有明白涛为什么不辞而别，杳无音讯的理由。不过这些理由现在已变得苍白，她已带着另外一些理由去了另外一个世界。涛流着泪水在南京路上狂奔，在那家熟悉的网吧里，回想他们的往事。只是时常在心中想：愿天堂里也有南京路！也有个网吧，也有一个人来好好爱你！

人生感悟

　　感情如同流水，宜疏不宜堵，疏之则如涓涓细流，静静流淌，堵之则会酿成涛天巨浪，决堤毁房。从浪漫到现实，从热恋的欢天喜地到情变后的呼天抢地，爱的迷人在于它所带来的惊喜，双方都小心翼翼呵护这株爱苗，尽可能地满足对方的要求，自然会表现出最好的一面；而爱的伤人却在于惊愕，曾经是那么美好，为何竟转眼成空？